花の分子発生遺伝学

―遺伝子のはたらきによる花の形づくり―

平野博之・阿部光知／共著

裳華房

The Molecular Genetics of Flower Development

by

Hiro-yuki Hirano
Mitsutomo Abe

SHOKABO
TOKYO

はじめに

 たった1個の受精卵が複雑な体制をもつ生命体へと発生するしくみは，動物・植物を問わず，非常に興味深い問題である．種子植物では受精卵が分裂して胚発生を行い，種子の一部として休眠にはいる．休眠解除後に発芽した種子からは，いくつかの成長段階をへて，成熟した植物体が形成される．しかしながら，胚発生により形成された幼植物と成熟した植物体とは，見かけが大きく異なっている．発芽後の植物体の発生は，シュート頂や根端などのメリステム（分裂組織）の機能に大きく依存している．メリステムの頂端部には幹細胞が常に維持されており，側生領域では分化へ向かうための細胞の運命決定が行われる．
 本書では，花の発生を制御する遺伝子のはたらきを，メリステムの機能と密接に関連させながら解説した．そのため，花の発生のみならず，メリステムの恒常性の維持や有限性の制御機構についても詳しい解説を加えている．また，本書では，単なる発生学の知識や現在の理解を解説するのみではなく，その理解がどのような研究によってもたらされてきたのか，その研究の内容や歴史に踏み込んで解説するように心がけたつもりである．若い読者たちには，植物発生学の研究の面白さや醍醐味を少しでも味わっていただければ，望外の幸せである．
 近年の植物科学は，真正双子葉類のモデル生物であるシロイヌナズナを中心に発展してきた．本書で解説する多くの発生学的知見は，シロイヌナズナの研究からもたらされたものである．しかしながら，花の形態は非常に多様である．そこで，本書では，単子葉類として，イネやトウモロコシなどについても解説を加えた．これには，単子葉類の中ではこれらの花の発生の理解が最も進んでいることに加えて，著者の一人平野が長年イネの花の発生研究に携わってきたことが反映されている．イネの花は地味であるが，研究を進めていくとその魅力にとりつかれる．多少なりとも，他の植物の花の発生理

はじめに

解にフィードバックするような研究も行ってきたつもりである．本書には，その思いも少しは含まれているかもしれない．

　第1章と第2章は序論的な性格の章であり，植物の発生の特徴や植物発生学の研究手法などについて解説する．第3章では植物の発生の場であるメリステムの性質と恒常性の維持機構について，第4章では花成の制御機構について，第5章では，花メリステムにおいて花器官アイデンティティーが決定される制御機構について解説する．第4章では花成誘導の鍵因子であるフロリゲンが，第5章では植物発生学の一里塚とも言われている有名なABCモデルが，登場する．第6章では，花序や花メリステムの性質を決定する遺伝子の機能や，花メリステムの有限性の制御機構について解説する．第7章では花の後期発生に相当する雌蕊や雄蕊の形態形成を制御する遺伝子について，第8章では，花の多様性の例として，花の対称性と花の性決定の制御機構について解説する．第4章はフロリゲンの分子実体の発見者の一人である阿部光知さんに執筆していただき，それ以外は平野が執筆した．本書全体の責任は平野が負っている．

　本書は，両名が東京大学理学部生物学科の植物発生学Ⅱで講義している内容を骨格としている．ただし，高校の生物学を履修していれば，大学初年次の学生にも理解できるように心がけた．一方，本書は，原著論文をもとにして，著者らの視点から整理・構築して執筆したものである．したがって，専門性の高い内容も多く含まれているので，大学院生にとっても充分役立つものと考えている．参考にした論文は巻末に引用文献としてまとめてある．本書で興味をもった研究については，原著論文や総説を読んで，さらに理解を深めていただければ幸いである．

2018年　早春

著者を代表して

平野 博之

目　　次

第 1 章　植物の発生の概観
1.1　植物と動物の発生の独自性と類似性　1
1.2　植物の発生・分化とメリステム（分裂組織）　3
　1.2.1　胚後発生　3
　1.2.2　メリステム　4
1.3　分化全能性　5
　1.3.1　植物細胞の分化全能性　5
　1.3.2　動物の分化多能性細胞　6
1.4　位置情報の重要性　6
　1.4.1　細胞系譜　6
　1.4.2　細胞系譜からの逸脱と細胞運命の変更　7
　1.4.3　位置情報と細胞間コミュニケーション　8

第 2 章　発生遺伝学的研究手法
2.1　花の発生研究に用いられる植物　10
　2.1.1　被子植物と花　10
　2.1.2　モデル植物　12
　2.1.3　多様な花の発生機構の理解　14
2.2　発生遺伝学研究　15
　2.2.1　突然変異体の解析　15
　2.2.2　遺伝的関係　16
2.3　分子発生遺伝学研究　17
　2.3.1　遺伝子クローニング　17
　2.3.2　分子生物学的解析　18
　2.3.3　昂進変異体と抑圧変異体　19
　2.3.4　逆遺伝学的アプローチ　19

第 3 章　メリステム — 幹細胞の維持と器官分化の場
3.1　メリステムの構造　23
　3.1.1　外衣-内体構造（tunica-corpus structure）　23
　3.1.2　メリステムの機能領域　25
　3.1.3　未分化状態の制御　26

目次

 3.2 シロイヌナズナにおけるメリステムの恒常性の維持機構 28
  3.2.1 遺伝学的解析 28
  3.2.2 遺伝子単離とコードするタンパク質 30
  3.2.3 *CLV*と*WUS*の相互作用と幹細胞アイデンティティー 32
  3.2.4 CLV-WUSの負のフィードバック機構による幹細胞の維持機構 33
 3.3 メリステムにおける細胞間コミュニケーションの分子機構 36
  3.3.1 CLV3のシグナル分子としての実体 36
  3.3.2 CLV3-CLEペプチドの受容体 37
  3.3.3 幹細胞−ニッチ：メリステム領域間のコミュニケーション 40
  3.3.4 サイトカイニン作用と幹細胞 41
 3.4 イネとトウモロコシにおけるメリステムの維持制御 45
  3.4.1 イネの花メリステムの制御 45
  3.4.2 イネの茎頂メリステムの制御 48
  3.4.3 トウモロコシの花序メリステムの維持制御 53
  3.4.4 イネ科のメリステムとサイトカイニン 56

第4章　花成制御の分子メカニズム

 4.1 花成のしくみ 58
  4.1.1 「花が咲く」とは 58
  4.1.2 花成を制御する環境要因 59
  4.1.3 環境情報の統合 65
 4.2 光周性花成とフロリゲン 66
 4.3 シロイヌナズナにおける光周性花成の分子機構 68
  4.3.1 シロイヌナズナにおける花成遅延変異体 69
  4.3.2 シロイヌナズナにおける日長変化感知のしくみ 69
  4.3.3 フロリゲンの分子的実体 75
 4.4 イネにおける光周性花成の分子機構 78
  4.4.1 イネのフロリゲン 78
  4.4.2 光周性花成におけるイネとシロイヌナズナの違い 79
  4.4.3 栽培イネの光周性 81

第5章　花器官アイデンティティーの決定

 5.1 ABCモデル 82
  5.1.1 花のホメオティック突然変異体 82
  5.1.2 ABCモデル 83
  5.1.3 ABCモデルから見た突然変異体 87
 5.2 ABC遺伝子の分子機能 88

5.2.1　ABC 遺伝子の実体　88
          5.2.2　ABC 遺伝子の空間的発現パターン　89
          5.2.3　ABC 遺伝子の構成的発現　92
    5.3　イネ科の花器官アイデンティティーの制御　93
          5.3.1　イネ科の花の形態　93
          5.3.2　イネの改変 ABC モデル　96
          5.3.3　クラス B 遺伝子の機能　98
          5.3.4　心皮アイデンティティーの決定　100
          5.3.5　遺伝子間の相互作用　104
          5.3.6　胚珠の分化　105
    5.4　SEP 遺伝子の機能と花のカルテットモデル　106
          5.4.1　sep 三重変異体　106
          5.4.2　SEP3 タンパク質の機能　107
          5.4.3　花のカルテットモデル（ABCE モデル）　108
          5.4.4　葉を花に変えるには？　110
          5.4.5　細胞内での複合体形成　110
          5.4.6　MADS タンパク質の四量体形成と DNA への結合　111

第 6 章　メリステムアイデンティティーと花と花序の発生機構

    6.1　花メリステムの分化とそのアイデンティティーの確立　114
          6.1.1　花メリステムの分化開始とオーキシン　114
          6.1.2　花メリステムアイデンティティーの制御　117
          6.1.3　花序メリステムと花メリステムの制御　122
    6.2　ABC 遺伝子の発現誘導と制御　123
          6.2.1　AP1 と SEP3 の発現誘導　123
          6.2.2　クラス B 遺伝子の発現制御　125
          6.2.3　クラス C 遺伝子の発現制御　126
    6.3　花メリステムの有限性の制御機構　128
          6.3.1　AG 遺伝子による有限性の制御　128
          6.3.2　WUS の発現抑制メカニズム　130

第 7 章　生殖器官の形態形成

    7.1　雄蕊の形態形成　137
          7.1.1　雄蕊の構造　137
          7.1.2　葉の向背軸極性の制御　138
          7.1.3　雄蕊のパターン形成と向背軸の極性制御　140
          7.1.4　花粉形成を制御する鍵遺伝子　143

目 次

  7.2　雌蕊の形態形成　147
    7.2.1　雌蕊の構造と発生パターン　148
    7.2.2　雌蕊発生における極性の制御　151
    7.2.3　雌蕊の組織分化　153
    7.2.4　胚珠の発生　158

第8章　多様な花の形態と遺伝子機能
  8.1　花の対称性の制御機構　162
    8.1.1　花の多様性　162
    8.1.2　キンギョソウの花の形態　163
    8.1.3　キンギョソウの花の背側アイデンティティーを決定する遺伝子　165
    8.1.4　キンギョソウの花の非対称性を制御する分子機構　167
    8.1.5　他の植物の花の対称性の制御　169
  8.2　花の雌雄性の決定機構　172
    8.2.1　花の性　172
    8.2.2　トウモロコシの花序と花　173
    8.2.3　トウモロコシの雌花形成に関与する遺伝子　174
    8.2.4　トウモロコシの雄花形成に関与する遺伝子　177
    8.2.5　トウモロコシの性決定遺伝子とメリステムの制御　179
    8.2.6　メロンの性決定に関わる遺伝子　181
    8.2.7　メロンの雌雄同株における性決定機構　183

あとがき　186
略語表　187
参考文献　190
索　引　201

コラム 1.1　メリステムとメリクローン　9
コラム 2.1　被子植物　11
コラム 2.2　遺伝子単離　17
コラム 2.3　遺伝子ファミリー　20
コラム 3.1　遺伝子の命名法　26
コラム 3.2　イネの花の変異体と栄養体生殖　54
コラム 4.1　光周性花成の発見　61
コラム 5.1　ABCモデルとゲーテ　87
コラム 5.2　イネの小穂形態の進化と護穎　95
コラム 5.3　遺伝子名－こぼれ話　103
コラム 6.1　カリフラワー　119
コラム 6.2　DEX誘導系　124
コラム 6.3　メリステムの転換・有限性と花序形態　135
コラム 7.1　ta-siRNA合成系遺伝子とその変異体　144
コラム 8.1　ドミナントネガティブ変異（優性阻害変異）　177

第1章　植物の発生の概観

　植物と動物は，独立な進化の道筋をたどって多細胞化し，発生（development）のメカニズムを発達させてきた。両者の発生パターンには一見して類似性はあるが，植物に独自の発生パターンやメカニズムも多く存在する。本章では，植物の発生を概観しながら，その発生の特徴について考察する。

1.1　植物と動物の発生の独自性と類似性

　植物と動物は，進化の過程で各々の祖先単細胞生物から，独立に多細胞化してきた。その祖先単細胞生物の分岐は，16億年前ともいわれている。したがって，単一の受精卵から細胞分裂により多細胞化し，それぞれの生命体を構成するための発生メカニズムは，動物と植物では大きく異なっている。
　しかし，その一方，遺伝情報がDNAに書き込まれ，mRNAを経由して共通の遺伝暗号によりタンパク質のアミノ酸配列を指定すること，タンパク質の機能により生命現象が営まれ生物が形づくられるという面では，植物も動物も変わりない。これは，もちろん，地球上での生命の誕生がたった一度であり，植物も動物も，生命の起源までさかのぼれば共通の祖先に由来していることに起因している。つまり，発生を制御する遺伝子発現メカニズムやタンパク質を基本とするマシーナリーは，共通していることになる。
　さらに発生現象を抽象化し，その根底に流れる発生ロジックを考えてみると，植物と動物の類似性も見えてくる。例えば，植物の花の発生時における同心円状の各領域で発現する遺伝子の機能と相互作用（第5章参照）と，動物における体節構造とそこで発現する遺伝子の機能とその相互作用とを比べると，類似性が高いことがうかがえよう（図1.1）。これは，多細胞からなる高度な体制を形作るには，まず，領域化・区画化（compartmentation）

第 1 章 植物の発生の概観

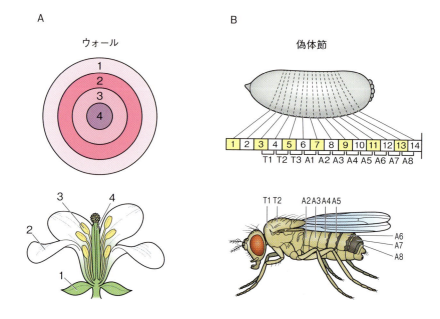

図 1.1 シロイヌナズナの花の発生とショウジョウバエの発生
(A) 花の発生の場（ウォール；上）とシロイヌナズナの花（下）。
(B) 胚の偽体節（上）とショウジョウバエの成体（下）。シロイヌ
ナズナでもショウジョウバエでも，発生の場が区画化されており，
それぞれの区画で発現する遺伝子のはたらきにより，発生が制御さ
れている。

が必要であり，その各領域に応じて独自の遺伝子がはたらき領域間が密接に
相互作用することが，発生が正しく進行するうえで必須であることを示して
いるのかもしれない。また，細胞間で情報伝達物質をやりとりし，細胞同士
のコミュニケーションを通して，発生を進行させ，組織や器官を維持すると
いう面でも，植物と動物に共通するものがある。

　本章の以下の節では，このような共通性を前提としつつも，植物における
発生・形態形成の一般的特徴を考えてみたい。

1.2 植物の発生・分化とメリステム（分裂組織）

1.2.1 胚後発生

植物の発生の大きな特徴の1つは，**胚後発生**（post-embryonic development）である。植物も動物も受精卵が細胞分裂を行い，胚を発生する。動物では，胚発生において生じた組織や器官は，そのまま成体の組織や器官となり，多くの場合，胚発生においてほぼ成体と同じような**ボディプラン**（body plan）が完成する。さらに，将来の配偶子を形成するための生殖細胞系列も胚発生時に決定される。これに対し，植物では，胚発生でつくら

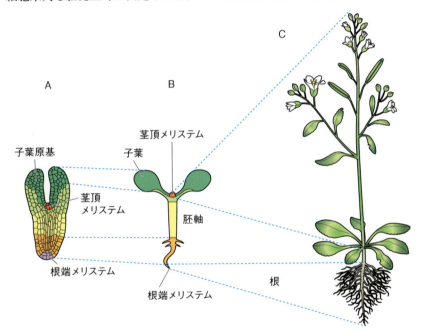

図1.2　シロイヌナズナの胚（A），実生（B）と成熟した植物体（C）
（A）ハート型ステージ後期の胚。胚発生では，茎頂メリステム，根端メリステム，子葉原基などが形成される。
（B）実生の子葉，胚軸，根などは，それぞれ，胚発生で分化した組織に由来する。
（C）成体の葉，茎などは，茎頂メリステムから分化する。花の各器官は，花メリステムから分化するが，花メリステムは，元を正せば，茎頂メリステム内の幹細胞に由来している。

れた幼植物の形態は成熟した植物体とは大きく異なっており，胚発生後に起こる発生イベントが植物のボディプランにとって非常に重要である。

植物では，受精後の胚発生により生じた胚は，胚乳とともに種子を形成する。種子が発芽すると，小さな植物体が生じるが，これが芽生え（**実生** seedling）である。この実生の体制は，胚発生でつくられたもので，シロイヌナズナでは，子葉（cotyledon），胚軸（hypocotyl），根から構成されている（図 1.2）。

子葉の間（胚軸の先端）には**シュート頂（茎頂）分裂組織**（shoot apical meristem; SAM）が，根の先端には**根端分裂組織**（root apical meristem; RAM）が分化しており，これらの分裂組織は胚発生時に子葉などとともに形成されたものである。実生が成長するにつれて新たに葉や茎が形成されるが，これらは胚発生でつくられたわけではなく，茎頂分裂組織から分化（differentiation）してきたものである。このように，植物の成体を構成する葉や茎の形成は，胚後発生に依存している。

1.2.2 メリステム

芽生えは葉を分化しつつ，成長を続ける（**栄養成長** vegetative growth）。**生殖成長**（reproductive growth）への転換が起こると，茎頂分裂組織は**花序分裂組織**（inflorescence meristem）へと転換し，分裂組織としてのアイデンティティーが変化する（第6章参照）。花序分裂組織は**花分裂組織**（flower meristem）を生み出し，花分裂組織から雄蕊や心皮などの花器官が分化する。また，地下部では，根端分裂組織が根を成長させるための細胞を供給するとともに，主根から分化した側根の先端に新たな根端分裂組織が形成され，複雑な根系が発達する。このように，植物の発生には，分裂組織がきわめて重要なはたらきをする。本書では，これらの茎頂，花，根端分裂組織などを，単に分裂が活発な組織とは区別する目的で，これ以降，**メリステム**（meristem）と表記することにする。

花メリステム（花分裂組織）において花器官分化への運命が決定され，雄蕊や心皮の内部に組織分化が起こった後に，初めて，生殖細胞が形成される

ようになる。したがって，植物では，生殖細胞の決定一つをみても，その時期が動物とは大きく異なっており，独自の発生プロセスをもっていることがわかる。このように，植物の発生では茎頂や花メリステムなどが非常に重要なはたらきをしており，胚後発生が植物のボディプランを決めていることになる。メリステムの構造やその維持機構については，第3章で詳しく述べる。

1.3 分化全能性

1.3.1 植物細胞の分化全能性

植物の第2の特徴は，**分化全能性**（totipotency）である。分化全能性とは，ある生物の細胞が，その生物のすべての組織や器官に分化し，完全な個体を発生させる能力のことである。植物では，実験室内で条件を整えれば，分化した葉や根から，脱分化・再分化という過程を経て，完全な植物体を再生することが可能である（図1.3）。すなわち，いろいろな状態に分化した体細胞が，他のすべての細胞に分化する能力をもっていることになる。

図1.3 イネのカルスからのシュート再生
イネの種子をカルス誘導培地に置床すると，胚盤から未分化細胞の集まりであるカルスが形成される。適切な濃度のオーキシンとサイトカイニンにより，未分化細胞からシュート（矢印）や根が分化する。（写真提供：田中若奈）

植物の分化全能性は，実験室内で見られるだけでなく，身近な現象とも関連している。例えば，樹木や園芸果樹などでは，挿し木による栄養繁殖を行っている。枝を挿し木とした場合，不定根が生じ，その後普通の根へと成長する。これは，植物細胞の分化全能性の一部を示していることにほかならない。また，樹木の幹から若い枝が生じているものを見かけることがあるが，これは幹内部の分化した細胞からシュートが再生したものであり，分化全能性を示す良い例でもある。

1.3.2 動物の分化多能性細胞

動物では，完全な個体を形成する能力をもっているのは，受精卵のみである。**胚性幹細胞**（embryonic stem cell; ES 細胞）は，いろいろな細胞へと分化する能力を備えているが，この細胞から直接個体が再生されることはない。すなわち，ES 細胞は**分化多能性**（pluripotent）ではあるが，分化全能性ではない。山中伸弥教授によって開発された **iPS 細胞**（induced pluripotent stem cell）は，人為的に遺伝子を導入することにより，分化した細胞をリプログラムし分化能力の高いものへと変化させたものであるが，これも分化多能性であり，全能性ではない。

このように，体細胞が高い分化能力をもつ分化全能性という性質は，動物にはみられない植物に独自の能力であり，以下に述べるように，植物の発生の可塑性とも密接に関連していると考えられる。

1.4 位置情報の重要性

1.4.1 細胞系譜

生物の発生を理解する上で，どのようにして各細胞の運命が決定されるのかを探ることは重要な課題である。細胞の運命（cell fate）は，まず，その細胞がたどってきた道筋，すなわち**細胞系譜**（cell lineage）に依存する。例えば，細胞数が少なく，きわめて単純な体制をもつ線虫（*Caenorhabditis elegans*）では，細胞系譜にもとづく，細胞の運命決定と組織分化・器官形

成などが詳細に明らかにされている。

　植物でも，シロイヌナズナの胚発生や根端の細胞分化などは，明確な細胞系譜をもっている。したがって，細胞系譜が植物の発生に重要なはたらきをしていることは疑いがない。

1.4.2　細胞系譜からの逸脱と細胞運命の変更

　発生途上で何らかのアクシデントが起きた場合や人為的な障害を与えた場合，植物はきわめて柔軟な対応をして，正常な発生を行おうとする。

　例えば，葉の表皮細胞と葉肉細胞とは細胞系譜が異なっており，**葉原基**（leaf primordium）の細胞分化の過程で異なる細胞運命が決定されている。葉が成長する際には，表皮細胞は**垂層分裂**（anticlinal division）[※1-1]により増殖し，表皮組織を増大させる。このとき，何らかの原因により表皮細胞が**並層分裂**（periclinal division）をすると，その細胞は葉肉細胞の方に押し出される。しかし，押し出された細胞は，表皮細胞としての特性をもち続けるのではなく，葉肉細胞の性質へと変化する。これは，葉肉細胞へ押し出された細胞が周りの細胞からの**位置情報**（positional information）を感知し，自分自身の細胞運命を変えたことを示している。

　根においては，細胞分化の過程が明確で，各組織を構成する細胞群はタイプの異なる始原細胞から分化する。その**始原細胞**（initial cell）は，**静止中心**（quiescent center）というオーガナイザー的な細胞によって[※1-2]，その運命が制御されている。この静止中心をレーザー照射により殺してしまうと，その上方に位置する細胞（**前形成層細胞** procambium cell）が静止中心の細胞へと分化し，また，正常な根の発生が再開される（図 1.4）。このように，根の発生に重要な役割をもっている静止中心でさえ，根端細胞群の間の位置情報により，その細胞運命が再決定されるのである。

※1-1　垂層分裂，並層分裂：細胞が分裂するとき，ある基準面（例えば，ある組織の表面）に対して垂直に分裂面が入る場合を垂層分裂，平行に分裂面が入る場合を並層分裂という。
※1-2　オーガナイザー：自分自身は変化しないが，他の領域にはたらきかけてその領域の細胞分化を誘導する細胞や組織。

第 1 章 植物の発生の概観

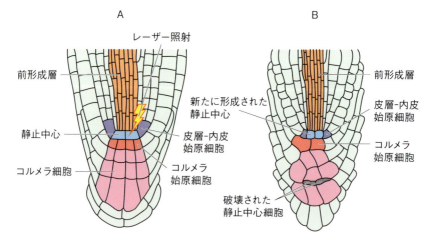

図1.4 レーザー照射による細胞破壊の効果
（A）シロイヌナズナの根端．静止中心の細胞のみを，レーザー照射により破壊する．（B）レーザー照射した後，しばらく生育させた個体の根端．前形成層由来の細胞が，新たに静止中心やコルメラ始原細胞へと分化し，正常な根端メリステムを形成するようになる．

　この2つの例は，細胞系譜で決定された表皮や前形成層の細胞運命が，位置情報により葉肉や静止中心の細胞の運命へと上書きされたことを意味しており，植物の発生における位置情報の重要性を示している．

1.4.3 位置情報と細胞間コミュニケーション

　位置情報によって細胞の運命が決定されているということは，組織や器官から特定の細胞を取り出した場合には，その細胞は分化状態を保てないことも意味しているであろう．例えば，動物では，初期胚から取り出したES細胞を，特定の物質存在下で，分化多能性をもつ幹細胞としての機能を保持したまま培養することが可能である．これに対して，第3章で述べるように，植物の幹細胞は茎頂メリステム内の各領域間のシグナリングによって，そのアイデンティティーが維持されている．したがって，メリステムから幹細胞部分だけをとりだしても，幹細胞としての機能を維持することはできないと

考えられる。

このように，植物の発生では，細胞系譜よりも細胞の置かれた位置情報が重要な意味をもっている。この位置情報は，植物ホルモン，ペプチドや小分子 RNA など様々なシグナル分子を用いた細胞間の情報交換（コミュニケーション）によって達成されている。

また，位置情報により，細胞の運命が変更され，分化状態が変わるということは，植物細胞のもつ分化全能性という特質と密接に関わっているに違いない。

動物では，生殖細胞の形成や神経細胞の形成などの際に，細胞の移動が重要な役割を果たしている。一方，植物の細胞は堅い**細胞壁**（cell wall）に囲まれているため，細胞の移動は見られない。このことも，植物において，位置情報が発生に重要であることと関連しているのであろう。

コラム 1.1　メリステムとメリクローン

　植物では，茎頂を切り出し，組織培養を通して個体を再生することができる（茎頂培養）。この茎頂由来の細胞塊の増殖とその切り分けを何度か繰り返すことにより，1 つの茎頂から数多くの個体を再生することができる。ランなど繁殖力の低い植物の場合，この方法は個体を増やすために非常に有効な方法であり，数十年前から広く実用化されている。この方法はメリステムの分化能が高いことを利用したものであり，このようにして増殖した個体はメリクローン（mericlone）と呼ばれている。さらに，メリステムの細胞は細胞分裂活性が高いため，ウイルスに感染していないことが多く，茎頂培養はウイルスフリーの植物を増殖するのにも有効な方法である。

第2章　発生遺伝学的研究手法

　花の発生メカニズムを，遺伝子のはたらきとして分子レベルで理解するためには，いくつかの研究上の制約がある。そのため，花の分子発生遺伝学的研究は限られた数のモデル植物を対象に進められてきた。本章では，花の発生研究に用いられてきた植物を簡単に紹介する。また，どのような考え方に基づき，どのような手法を用いて，分子レベルでの花の発生研究が進められてきたのか，その研究方法を概観する。

2.1　花の発生研究に用いられる植物

2.1.1　被子植物と花

　花は，被子植物（図2.1；コラム2.1参照）に特有な有性生殖に関わる複合的器官であり，通常，がく片，花弁，雄蕊，心皮[※2-1]から構成される（具体的には，第5章参照）。一般社会では，裸子植物のマツやイチョウでも雄花や雌花という用語が使われている。しかしながら，胚珠が心皮で覆われていないことなど，被子植物の花器官とは異なるところがあり，また，花という複合的な器官として存在しているわけではない。

　花は被子植物に特異的であり，その出現とともに進化してきた器官である。地球上には，約25万種の被子植物が生育しており，植物の器官の中でも，花は最も多様性が高い。この花がどのような遺伝子のはたらきにより，どの

[※2-1]　心皮：雌蕊を形成するために，花メリステムから分化する原基のことをいう。雌蕊は，柱頭，花柱，子房，胎座，胚珠などからなる複合的な器官であり，柱頭や胎座，胚珠などは，雌蕊の発生の後期になって分化してくる。したがって，最終的に雌蕊を形成するための原基は，雌蕊原基ではなく心皮原基という。これは，進化的には，花器官は葉が変形したものであるという考え（第5章参照）に基づいており，葉が直接変形したと考えられるものを心皮と呼んでいる。

2.1 花の発生研究に用いられる植物

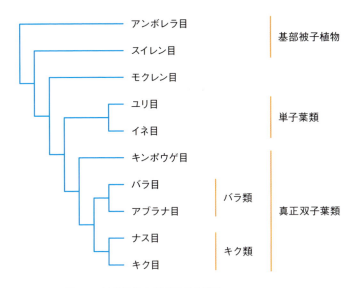

図 2.1　被子植物の分子系統の概略
被子植物系統グループの分類（APGIII）による。

コラム 2.1　被子植物

　DNAの塩基配列情報に基づいた分子系統学が発展したことにより，従来の分類体系は大きく修正されることになった．以前は，双子葉類と単子葉類は姉妹群として，被子植物を大きく分ける分類群であった．しかしながら，分子系統学により，双子葉類はひとまとまりにならないことが判明した．被子植物の進化の過程では，まず，アンボレラやスイレンなどの基部被子植物が分岐し，その後単子葉類が単系統として分岐する（図2.1）．単子葉類は，基部被子植物より真正双子葉類に近縁だと考えられている．シロイヌナズナ（アブラナ科）はバラ類，キンギョソウ（オオバコ科）はキク類に属し，真正双子葉類の大きな2つの分類群の代表と考えることができる．イネやトウモロコシは，イネ目イネ科の植物である．真正双子葉類と単子葉類を合わせると，被子植物のほとんどの種を網羅する．

ような分子機構で発生してくるのかを理解するのは，植物科学者にとって，また植物科学を学ぶものにとっても，非常に魅力的な課題であろう．

2.1.2　モデル植物

被子植物は非常に多様であるにもかかわらず，花の分子レベルでの発生研究は，少数の**モデル植物**（model plant）を対象として進められてきた．それは，モデル植物としての条件を満たす植物の数が限られていたことが一因である．一方，多くの研究者が，少数のモデル植物に集中して研究することは，発生機構を深く理解するための推進力となった．

自家受精（self-fertilization）が可能で遺伝学的な解析に適していること，**形質転換**（transformation）[※2-2]が比較的容易なこと，分子生物学的ツールが良く整備されていることなどが，分子レベルで発生遺伝学的研究を行うための必要条件である．これらの条件をある程度備えており，花の発生の研究材料として用いられてきたのが，真正双子葉植物ではシロイヌナズナ（*Arabidopsis thaliana*）やキンギョソウ（*Antirrhinum majus*）など，単子葉植物ではイネ（*Oryza sativa*）やトウモロコシ（*Zea mays*）などである(図2.2)．

図2.2　シロイヌナズナの花（左）とイネの小穂（右）
（写真提供：阿部光知，田中若奈）

※ 2-2　形質転換：外来の遺伝子を宿主植物あるいは細胞に導入，発現させることにより，宿主内でその遺伝子の機能を発揮させること．

真正双子葉植物−シロイヌナズナとキンギョソウ

シロイヌナズナは上記の条件をすべて備えているだけでなく，世代時間が短く実験室内で栽培できることなどの多くの長所をもち，研究対象として優れていることはいうまでもない．シロイヌナズナは1980年代半ばからモデル植物として徐々に注目され始め，90年代中頃から広く用いられるようになってきた．花の発生学に限らず，シロイヌナズナが研究材料として，植物科学に貢献してきたことは計り知れない．

キンギョソウには，可動性の高いトランスポゾンが存在するため，1980年代にはトランスポゾンにより誘起された花の突然変異体が数多く単離されていた．花の器官アイデンティティーの決定機構を説明するABCモデルは，シロイヌナズナとキンギョソウの花のホメオティック突然変異体の遺伝学的解析から提案されたものである（第5章参照）．キンギョソウではトランスポゾンタギング法（コラム2.2参照, p.17）による遺伝子単離が比較的容易であったことから，1990年代のABC遺伝子の単離の際には，シロイヌナズナの研究をリードしていたこともある．しかし，形質転換ができないため，遺伝子機能の詳細な解析という面では，90年代の末頃からシロイヌナズナ研究に大きく水をあけられることになった．

単子葉植物−イネとトウモロコシ

イネは，単子葉類のモデル生物として，花や花序の発生研究に良く用いられている．イネは，栽培スペースや世代時間の面ではシロイヌナズナに及ばないものの，上述したモデル生物としての特質を良く備えており，2000年代に入ってから急速に発生遺伝学研究が進められてきた．現在では，イネの花の発生メカニズムは単子葉類の中で最も良く理解されている．イネ科の花は，花弁やがく片がなく，単子葉植物の中でもかなり特殊化している．しかし，形態が特殊であっても，イネとシロイヌナズナの発生を比較してみると，花の発生機構の保存性と独自性が見えてくる（第5章参照）．

両性花を付けるシロイヌナズナやイネとは異なり，トウモロコシは，1つの花の中に雌蕊のみあるいは雄蕊のみが分化する単性花を生じる．また，雌性と雄性の花序の形態も大きく異なる．したがって，トウモロコシは，花の

第 2 章　発生遺伝学的研究手法

性決定や花序構築の研究に適した研究材料である（3.4.3，8.2.3 参照）。トウモロコシも遺伝学的解析に適しており，トランスポゾンタギング法により遺伝子単離が比較的容易にできるというメリットがある反面，形質転換ができないというデメリットもあった。しかし，最近では，その技術的困難さは克服されつつある。

単子葉植物の中でも，ラン科やユリ科の花などは優雅で美しく魅力的な研究対象であるが，ゲノムサイズが大きいため遺伝子の冗長性が高く，遺伝学的解析にも向かないため，これらの植物の花の発生メカニズムの理解は進んでいない。

2.1.3　多様な花の発生機構の理解

進化発生学（evo-devo[※2-3]）的な観点から，分子系統上被子植物の基部に位置する植物を含め種々の被子植物において，花の発生研究がなされている。しかしながら，その研究はモデル植物で得られた花の発生の主要遺伝子のホモログの単離や *in situ* ハイブリダイゼーションによる発現パターンの解析にとどまっており，それぞれの植物に特有な機能の解析や深い理解には至っていない。今後，上述したモデル植物以外にも，進化系統学的に重要な位置を占めている植物の研究条件が整備され，多様な植物の花の発生機構の理解が進むことが期待される。

本書では，主に，真正双子葉植物の代表としてシロイヌナズナを，単子葉植物の代表としてイネを取り上げ，その花の発生・形態形成や花成の分子メカニズムに関する最新の研究の到達点を解説する。また，花の多様性の例として，キンギョソウにおける花の対称性の制御や，トウモロコシやメロンにおける花の雌雄性の分化などについても触れていく。

※ 2-3　evo-devo: evolutionary developmental biology の略。異なる生物の発生過程や発生メカニズムを比較し，どのようにそれらが進化してきたのかを解明することを目的とする生物科学の一分野。

2.2 発生遺伝学研究

2.2.1 突然変異体の解析

生物の発生・分化を分子レベルで理解するためには，遺伝学的解析が不可欠である．まず，形態や発生パターンが異常となった突然変異体を単離し，その表現型を解析する（図 2.3）．多くの場合，その表現型は，ある遺伝子の機能が失われた（あるいは弱くなった）結果現れたものであり，劣性形質として遺伝する．この変異体の表現型を解析することにより，その遺伝子が本来もっていた機能を推定する．例えば，雄蕊が形成されない変異体なら，その変異を受けた遺伝子はもともと雄蕊を形成するはたらきをもっていたと考えられる．さらに，雄蕊の代わりに花弁が形成されるのであれば，その遺伝子は雄蕊形成に加えて，その場所で花弁の形成を抑制するはたらきもしていたと推定される．

類似した表現型を示す変異体が複数得られたら，人為交配しその後代の表現型を調べることにより，その変異が，同一の遺伝子座（locus）に起きた

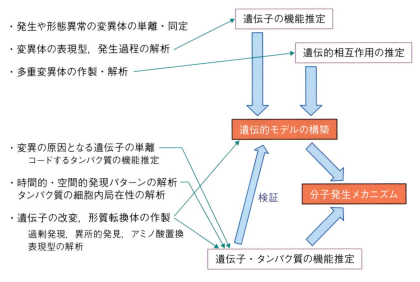

図 2.3　分子発生遺伝学研究の概略

第2章 発生遺伝学的研究手法

ものか,独立の遺伝子座に起きたものかを判断することができる。例えば,2つの変異体を交配して得られた子（F_1）の表現型が,親に類似していれば同一の遺伝子座に,野生型に類似していれば独立の遺伝子座に,それぞれ変異が起きていると判断できる。

2.2.2 遺伝的関係

独立の遺伝子座による変異体が得られたら,その二重変異体,三重変異体の表現型を解析することにより,これらの遺伝子がどのように作用し合うかを推定することができる。例えば,独立な遺伝子座由来で,類似しつつも少し表現型が異なる p と q という変異体を考える。その二重変異体 pq が q と同じ表現型を示した場合には,本来の P と Q の遺伝子は,同じ発生現象あるいは経路を制御している可能性がある（図2.4）。この場合,q 変異は p 変異に対して**遺伝的に上位**（epistatic）であるという。もし,二重変異体が p と q の変異体の両者の表現型を併せもっているなら,P と Q 遺伝子は独立に作用していると考えられる（**相加効果** additive effect）。二重変異体が p と q の表現型に加えて,さらに異常な表現型を示す場合には,単純な平行関係ではなく,2つの遺伝子が複雑に作用し合っている可能性が考えられる（**相乗効果** synergistic effect）。

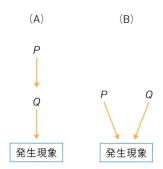

図2.4 遺伝子間の相互作用
P 遺伝子と Q 遺伝子が図Aのような関係であった場合には,二重変異体は単独変異体と類似した表現型を示す。また,図Bのような関係の場合には,二重変異体は,p,q 各変異体の両者の表現型を併せもつ。

このように，いくつかの変異体の表現型と遺伝的相互作用を調べながら，着目する発生現象の遺伝的モデルを構築していくのが**発生遺伝学**（developmental genetics）である．第3章のメリステム維持の負のフィードバックモデルや，第5章の花の器官決定のABCモデルなどは，このような解析によって提案された簡潔で明快な発生モデルである．

2.3 分子発生遺伝学研究

2.3.1 遺伝子クローニング

それでは，変異を受けた遺伝子は，どのような分子メカニズムにより，その発生イベントを制御しているのであろうか？ それに答えるためには，その変異の原因となる遺伝子を単離（クローニング）することが必要である．発生を制御する遺伝子を単離するためには，ポジショナルクローニング法やトランスポゾンタギング法などが用いられる（コラム2.2参照）．遺伝子の単離から，「分子」のついた**分子発生遺伝学**（molecular developmental genetics）の分野に入る（図2.3）．

DNAとしての遺伝子が単離されれば，その塩基配列から，その遺伝子がコードしているタンパク質が判明する．現在では，大量のゲノム情報が蓄積しており，データベースを検索することにより，ある程度タンパク質の機能を推定することができる．例えば，単離された遺伝子が転写因子をコードしていれば，ある発生イベントを制御する遺伝子ネットワークの鍵因子である可能性が，レセプター様タンパク質をコードしていればシグナル伝達に関わる可能性が示唆される．

コラム2.2 遺伝子単離

遺伝子へのトランスポゾンの挿入によって突然変異が引き起こされた場合，トランスポゾンの塩基配列を手がかりに，破壊された遺伝子を同定することができる（トランスポゾンタギング）．キンギョソウでは*Tam3*，トウモロコシでは*Mu*など，高頻度で転移するトランスポゾンを利用して，重要な

遺伝子が単離されている。イネでは，組織培養によりレトロトランスポゾン *TOS17* が増幅することを利用して，遺伝子の単離や逆遺伝学によるノックアウト系統の単離などが行われている。

　化学変異原で処理すると，塩基の置換や短い欠失などが起こる。このようにして誘起された変異の原因遺伝子は，染色体上での位置を手がかりとして遺伝子の単離が行われる（ポジショナルクローニング，map-based クローニング）。変異体とわずかに塩基配列が異なる近縁系統との交配により得られた数多くの F_2 個体を用い，塩基多型を利用して目的とする遺伝子の染色体上での座乗位置を絞り込んでいく。全ゲノムの塩基配列が決まっているシロイヌナズナやイネなどでは，現在は，比較的短期間で遺伝子を単離することができるが，ゲノム情報がない時代には，多大な時間と労力が必要とされた。

　ABC モデルを構成する遺伝子が単離された 1990 年代前半には，ゲノム情報はほとんどなく，ポジショナルクローニング法による遺伝子単離はきわめて困難であった。そのため，遺伝子単離という面では，トランスポゾンを活用できるキンギョソウの研究が，シロイヌナズナの研究をリードすることもあった。実際，シロイヌナズナのいくつかの ABC 遺伝子は，キンギョソウの遺伝子のホモログとして単離されている。

2.3.2　分子生物学的解析

時間的・空間的発現パターン

発生のメカニズムを解明するためには，着目している遺伝子がいつどこで発現しているのか，発生プロセスに沿ってその時間的・空間的発現パターンを知ることは，非常に重要な情報となる。この解析には，mRNA の局在性を調べる *in situ* ハイブリダイゼーション法や，GFP（green fluorescent protein）などを用いたレポーター解析などが良く用いられる方法である。また，細胞内局在性を解明することは，その遺伝子がコードするタンパク質の機能の推定や理解に非常に有効である。

形質転換体作製による解析

単離された遺伝子を改変して形質転換することにより，その遺伝子の機能をさらに詳しく調べることができる。例えば，本来発現していない場所でそ

の遺伝子を発現させる（**異所的発現** ectopic expression），時間的なタイミングを変えて発現させる，強いプロモーターを用いて過剰に発現させる，アミノ酸配列を変えて発現させるなど，様々な方法がある。これらの改変遺伝子をもつ形質転換体の表現型を解析することにより，その遺伝子の機能をさらに深く理解できるようになる。これらの解析方法については，次章以降の具体的な研究例で触れていくことにする。

これらの実験を通して，遺伝学的に提案されたモデルを確証するとともに，必要な場合には，モデルに修正が加えられる。また，分子レベルの深い理解に基づいて，さらに精巧なモデルへと発展していく（図 2.3）。

2.3.3 昂進変異体と抑圧変異体

興味の対象である発生現象に関わる変異体をさらに単離し，上記と同じような研究プロセスを経て新たな遺伝子の機能を解析することは，発生メカニズムの理解をさらに深めることになる。

この際，着目している遺伝子の変異体にさらに突然変異処理を行い，その**昂進変異体**（enhancer）や**抑圧変異体**（suppressor）を単離し，解析することも，有効な方法としてよく用いられている。昂進変異体とは，着目している変異体の表現型がさらに激しくなった変異体であり，抑圧変異体とは，その表現型が緩和されたものである。これらの変異体の解析から，着目している遺伝子と密接に関連する遺伝子を見いだすことができる。この方法では，単に野生型を変異原処理しただけでは変異が現れないような，作用の弱い遺伝子の解析も可能となる。

2.3.4 逆遺伝学的アプローチ

DNA としての遺伝子から出発して，その遺伝子が機能喪失した変異体（**ノックアウト**（knockout）系統）を単離・解析することにより，遺伝子機能の解明を目指すこともある。この方法は，変異体から DNA へと向かう従来の分子遺伝学とは逆向きの方向であるため，**逆遺伝学**（reverse genetics）と呼ばれている。この逆遺伝学的手法が適用されるのは，パラログの解析や

第 2 章　発生遺伝学的研究手法

異種生物におけるホモログの解析などである。

パラログの解析

植物の多くの遺伝子は遺伝子ファミリー（gene family）を形成する（コラム 2.3 参照）。遺伝学的手法で単離された遺伝子が発生に重要なはたらきをしていることが判明した場合，同じファミリーに属する他のメンバー（**パラログ** paralog）の機能を調べることも，さらなる発生の理解に有効な場合が多い。例えば，シロイヌナズナの *SEPALLATA*（*SEP*）遺伝子が花器官アイデンティティーの決定に重要なはたらきをしていることは，2 つの独立の方法によりほぼ同時に発見された。その 1 つが MADS 遺伝子ファミリーの逆遺伝学的解析によるものである。MADS 遺伝子のノックアウト変異体を作出しある組み合わせで三重変異体を作製したところ，花器官がすべてがく片に変化してしまったことから，これらの 3 つの遺伝子（*SEP1* 〜

コラム 2.3　遺伝子ファミリー

遺伝子は，進化の過程で遺伝子重複によりその数を増やし，遺伝子ファミリーを構成するようになる。生存に不可欠な遺伝子であっても，遺伝子重複により同じ遺伝子が 2 つになると，一方の遺伝子は機能的制約から解放され，変異を蓄積して元の遺伝子とは少し異なる機能をもつようになる。同じ生物種のゲノムに存在し，遺伝子重複により生み出された遺伝子どうしをパラログ（paralog）という。右図は仮想的な遺伝子の系統樹で，A，B，C の異なる生物に由来する遺伝子である。ここで，A1，A2，A3，および A4 は互いにパラログである。同様に，B1，B2，B3 や C1，C2，C3 は，それぞれ，B 種と C 種のパラログである。種分化によって生じた類似した遺伝子どうしは，**オーソログ**（ortholog）と呼ばれている。A1 と B1，あるいは，A2 と B2 は互いにオーソログの関係にある。C 種から見ると，C1 に相当するオーソログは，A 種では A1，A2 の 2 つの遺伝子が存在する。

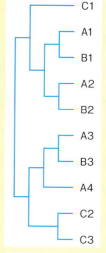

A, B, C の 3 つの植物種の遺伝子からなる仮想的な遺伝子系統樹。

SEP3）の花の発生における重要性が示された（5.4 参照）。

異種生物のオーソログ

ある生物で重要なはたらきをしている遺伝子が，他の生物でどのように機能を果たしているのかを知りたい場合にも，その**オーソログ**（ortholog）の機能喪失変異体を単離できれば，発生学的な解析が可能となる。

シロイヌナズナでは，心皮の分化はクラス C の MADS 遺伝子によって制御されている。イネには，クラス C 遺伝子が 2 つ存在する。逆遺伝学的解析により，イネの 2 つのクラス C 遺伝子はやや異なる機能を担っていること，心皮アイデンティティーを決定する機能が失われていること，などが明らかにされた（第 5 章参照）。

ノックアウト系統の単離

ノックアウト系統の単離には，**T-DNA**（transfer DNA）[2-4]やトランスポゾンなどがランダムに挿入した多数の系統を作製し，その中から，着目する遺伝子にこれらの因子が挿入されている系統をスクリーニングする方法が良く用いられている。これらの因子が挿入された部位に隣接するゲノム DNA の配列が読まれ，データベース化されている場合もあるし，研究者自身の手により挿入されている系統を実験的に同定する場合もある。シロイヌナズナでは，T-DNA タグライン[2-5]が非常に多く作製され，いくつかのリソースセンターから取り寄せることができる。また，イネではレトロトランスポゾン *TOS17* や T-DNA の挿入系統が作製されているが，シロイヌナズナほど充実しているわけではない。

化学変異原により誘起された変異集団の中から，**TILLING**（targeting induced local lesions in genomes）法によって，変異体を探索する方法もある。この方法では，アミノ酸の置換がおもな変異の原因となる。そのため，機能

[2-4] T-DNA：被子植物を形質転換する際に，植物のゲノムに挿入される DNA を，一般に transfer DNA（T-DNA）という。もともとは，植物に感染する土壌細菌 *Agrobacterium tumefaciens* がもっている **Ti プラスミド**（tumor-inducing plasmid）内に存在する DNA 領域で，この領域が植物ゲノムに挿入されるとクラウンゴールという腫瘍を引き起こす。

[2-5] T-DNA タグライン：T-DNA がランダムに挿入された形質転換体。

第2章　発生遺伝学的研究手法

喪失変異体の他に，アミノ酸置換などの弱い変異をもつ変異体も得られる。

ゲノム編集技術

最近のゲノム編集技術の進歩により，特定の遺伝子を狙って，その機能を喪失させることが比較的簡単にできるようになってきた。初期に開発された相同組換えを利用したノックアウト系統の作製は，効率が悪く多大の期間と労力が必要とされた。その後，zinc finger nuclease（**ZFN**）法やtranscription activator-like effector nuclease（**TALEN**）法などが開発され，ノックアウト技術が身近になってきた。さらに，最近，**CRISPR-CAS9**法が開発され，目的の遺伝子をノックアウトすることがきわめて容易になってきた。この方法では，コンストラクトの作製が非常に容易であり，高い効率で目的の遺伝子に変異を導入することが可能である。今後，この技術の導入により，様々な分野で研究が飛躍的に発展することが期待されている。

第3章　メリステム
　　　　　—幹細胞の維持と器官分化の場

　第1章で述べたように，植物では，胚発生後のイベントがそのボディプランにとって重要である．この胚後発生の鍵をにぎるのが，メリステムである．栄養成長期の地上部では，茎頂メリステムが葉や茎を分化する（図3.1A）．花成誘導により生殖成長期になると，茎頂メリステムは花序メリステムへと転換し，花序メリステムは次々と花メリステムを生み出す（図3.1B）．花メリステムからは，花の各器官が分化する．これらの各種のメリステムは，数百個の未分化細胞からなる集団であり，サイズや有限性などの違いはあるものの，基本的には類似した構造をとっている．葉・花器官などの側生器官や茎は，メリステムから分化する．したがって，植物の発生には，メリステムの恒常性がきちんと維持され，分化に向かう細胞の運命が正しく決定されることが重要である．本章では，地上部メリステムの構造とその恒常性の維持機構について解説する．
　なお，メリステムには，根端メリステムや維管束メリステムなどいくつかのタイプがあるが，本書で単にメリステムと記載した場合には，上記の茎頂，花序，花の各メリステムを総称することにする．

3.1　メリステムの構造

　地上部の各メリステムはドーム状の形をしており，数百の比較的小さな未分化細胞から構成されている．メリステムは，構造や機能からいくつかの領域に分けられる．この領域の分けかたには，2通りの方法がある（図3.2）．

3.1.1　外衣 - 内体構造（tunica-corpus structure）
　第1は，層構造に着目した領域であり，**細胞系譜**（cell lineage）と密接に

第3章 メリステム — 幹細胞の維持と器官分化の場

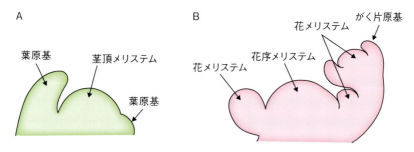

図3.1 茎頂，花序および花メリステム
（A）葉原基を分化している茎頂メリステム。（B）花メリステムを分化している花序メリステム（中央）と花メリステム。右端の花メリステムは，がく片原基を分化している。

関連している（図3.2A）。メリステムの表皮付近は，明瞭な層構造をしており，**外衣**（tunica）と呼ばれている。シロイヌナズナなど，多くの被子植物の外衣は，L1層，L2層という2層の細胞層から構成されている。これらの層の細胞は垂層分裂によって分裂し，二次元的に増殖する。外衣の内側に存在する一群の細胞が**内体**（corpus）であり，L3層とも呼ばれている。L3層の細胞の分裂面は一定していないため，細胞は三次元的に増殖する。

L1層とL2層が垂層分裂によって細胞分裂を行うということは，L3層

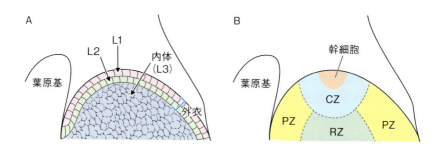

図3.2 メリステムの構造
（A）メリステムの外衣-内体構造。（B）メリステムの機能領域構造。CZ, 中央領域；PZ, 周辺領域；RZ, リブ領域。幹細胞は，メリステム頂端部に存在するL1，L2およびL3の最外層の細胞から構成される。

も含めたこの3つの細胞層は，独立した細胞系譜をもつことも意味している。すなわち，各層の細胞は，それぞれ共通する祖先細胞に由来しており，層間では基本的には細胞は混ざらない。また，メリステム内の層構造は，その後分化する細胞の種類とも関連している。例えば，L1層は，葉や茎の表皮細胞へ，L2層は葉肉組織[※3-1]や生殖細胞へ，L3層は髄組織や維管束細胞へと分化する。

単子葉植物では，外衣は1層のみから構成されている。L2層が内体を構成することになるが，L1層とL2層が細胞系譜を反映していることは，他の植物と同様である。

3.1.2　メリステムの機能領域

第2は，メリステムを真上から見て，放射方向のパターンで領域化する方法である。中心部に**中央領域**（central zone, CZ），その周りに**周辺領域**（peripheral zone, PZ）がある。縦断面を見ると，メリステムの中央上部が中央領域で，その脇に周辺領域がある（図3.2B）。中央領域の下には，**リブ領域**（rib zone, RZ）が存在する。これらの領域は，そこに存在する細胞の特性やメリステムの機能と密接に関連している。

中央領域の頂端部には，**幹細胞**（stem cell）が存在する。シロイヌナズナの茎頂メリステムでは，12〜20個程度の細胞群である。幹細胞が細胞分裂を行い増殖すると，その一部は幹細胞としてのアイデンティティーを持ち続けるのに対し，他方はそのアイデンティティーを失い，周辺領域へと押し出されていく。いくつかの遺伝子のはたらきにより，その細胞運命が決定されると，各種の**側生器官**[※3-2]（lateral organ）の細胞へと分化する。したがって，幹細胞は自己複製を行うとともに，分化するための細胞を供給していることになる。

※3-1　葉肉組織：葉の表と裏の表皮細胞の間にある主に柔細胞からなる同化組織で，柵状組織や海綿状組織などを指す。

※3-2　側生器官：主軸に対して側方に分化する器官。葉や花の各器官などを指す。

周辺領域は細胞分化の場であり，茎頂メリステムでは葉へと，花メリステムで各種の花器官へと分化する始原細胞が存在する．リブ領域は茎の髄組織へと分化する細胞を供給している．中央領域は比較的分裂活性が低いのに対し，周辺領域やリブ領域では細胞分裂が活発に行われている．

3.1.3 未分化状態の制御

幹細胞に限らず，メリステムの細胞は未分化な状態に保たれている．シロイヌナズナの *SHOOT MERISTEMLESS*（*STM*）遺伝子は，胚発生時に茎頂メリステムの形成に必要とされ，この遺伝子の機能が完全に欠損すると茎頂メリステムが形成されない．また，弱い *stm* 変異体では，メリステムに葉原基が分化することがあることから，*STM* は茎頂メリステムを未分化状態に保つためにも必要とされている．*STM* は茎頂や花メリステム全体で発現しているが，葉や花器官の**原基**（primordium）への分化予定領域では，その発現が消失する．このようなことから，*STM* が発現していることは未分化細胞の指標ともなる．*STM* に相当する遺伝子は，イネでは *ORYZA SATIVA HOMEO-BOX1*（*OSH1*），トウモロコシでは *KNOTTED1*（*KN1*）遺伝子であり，これらも未分化細胞のマーカーとして良く用いられる．

> **コラム 3.1 遺伝子の命名法**
>
> 遺伝子の命名や記述方法には一般的な規則はなく，生物種ごとに定められている．シロイヌナズナやイネの場合，野生型の遺伝子は大文字のイタリックで，変異体の場合は小文字のイタリックで記述する．遺伝学的に（すなわち変異体として）見いだされた遺伝子の場合，類似した表現型を示す変異体の遺伝子は番号で区別する場合もある［例えば，*CLAVATA1*（*CLV1*），*CLAVATA3*（*CLV3*）など］．また，同じ遺伝子座で異なる変異をもつ**対立遺伝子**（アレル allele）は，単離された順にハイフンを用いて番号で表す（*clv1-1*，*clv1-4* など）．なお，劣性のアレルの場合は数字のみであるが，優性（dominant）のアレルの場合には，数字に *d* を付ける（*phb-1d* など）．

遺伝学的な命名では，変異体の表現型が遺伝子名になることが多い。この場合，遺伝子の機能と遺伝子名とが全く逆の意味になることもある。例えば，*SHOOT MERISTEMLESS* は「シュートのメリステムがない」という意味であるが，この遺伝子の機能はメリステム形成に必須である。植物種ごとに研究が進むので，同じ機能をもつ遺伝子や同じタンパク質をコードする遺伝子でも，多くの場合，種ごとに異なる遺伝子名をもつ（例えば，シロイヌナズナの *CLV1*，イネの *FON1*，トウモロコシの *TD1* など）。

塩基やアミノ酸配列の類似性から，遺伝子が命名される場合もある。例えば，イネの MADS ドメインをコードする遺伝子は，*OsMADS1*，*OsMADS3* などと命名されている（第5章参照）。ここで，*Os* は2命名法によるイネの種名（<u>O</u>ryza <u>s</u>ativa）の頭文字に由来している。遺伝学的解析から，ある変異体（leafy hull sterile1; lhs1）の原因遺伝子が *OsMADS1* であることが明らかとなった場合は，*LHS1* という遺伝子名を優先するか，両者を併記する（*LHS1/OsMADS1* など）。一般的に，遺伝子名には，ホモログから命名されたものより遺伝学的に命名されたものを優先する。したがって，オーソログであっても，イネの *FON1* を *OsCLV1* と表記するのは正しくない。

遺伝子名・遺伝子記号がイタリックで表記されるのに対して，その遺伝子がコードするタンパク質はローマン体で表記される（CLV1, FON1 など）。

トウモロコシの遺伝子命名規約では，発見された変異体にちなんで遺伝子が命名される。したがって，機能を喪失した劣性変異由来であっても，*tassel dwarf1*（*td1*）が機能的な野生型の遺伝子の名前（遺伝子記号）となる。また，優性の変異体として見いだされた *Knotted1*（*Kn1*）のような場合は，遺伝子名の頭文字が大文字となる。すなわち，機能的な遺伝子でも，大文字と小文字の2つ表記が存在することになる。また，タンパク質は，td1 や Kn1 のように，小文字を含むローマン体で表記する。これらは，トウモロコシ遺伝学の伝統に基づく規則であり，論文を読むときには注意が必要である。雑誌によっては，統一性をもたせるためにシロイヌナズナと同じ表記にする場合がある。本書では，トウモロコシの場合も，シロイヌナズナと同じ表記で遺伝子名を記述することにする。

第 3 章　メリステム － 幹細胞の維持と器官分化の場

3.2　シロイヌナズナにおけるメリステムの恒常性の維持機構

　茎頂メリステムのサイズは，常にほぼ一定に保たれている。サイズは異なるものの，花序メリステムや花メリステムでも，それぞれのメリステムのサイズはほぼ変わらない。サイズが一定であることは，幹細胞の数が一定に制御されていることにほかならない。メリステムの側生領域では細胞分化も行われるので，幹細胞数が一定であることは，幹細胞の増殖と分化に向かう細胞との間にバランスが保たれていることを意味している。この幹細胞と分化する細胞とのバランスを維持し，メリステムのサイズを一定に保つことが，メリステムの恒常性の維持である。

　このメリステムの恒常性はいかなる機構によって制御されているのであろうか？　3.2 と 3.3 では，シロイヌナズナのメリステムの恒常性の維持に関わる遺伝子とその機能について解説する。

3.2.1　遺伝学的解析

　シロイヌナズナでは，2 つのタイプの突然変異体から，メリステムの維持機構の理解が進み始めた。一方は，メリステムのサイズが大きくなるタイプで，*clavata* 変異体と名づけられ，*clv1*，*clv2*，*clv3* の 3 つの独立した（異なる遺伝子座に変異が起きた）変異体がある（図 3.3）。他方は，メリステムを維持することができないタイプであり，*wuschel*（*wus*）変異体と呼ばれている。

CLAVATA（*CLV*）遺伝子の作用

　clv 変異体では，花茎に多数の花が密集して形成される。花の内部では，花器官の数が増加し，その増加は内部の花器官ほど顕著である。雄蕊原基の数の増加は，そのまま，雄蕊の数の増加として観察される。一方，心皮原基の場合は，増加した原基同士が融合して発生するため，多数の心皮からなる非常に太い雌蕊が形成される。この雌蕊の形態が棍棒状（club 状）であることから，*clavata*（ラテン語で棍棒状の意味）という変異体名が付けられている。

3.2 シロイヌナズナにおけるメリステムの恒常性の維持機構

　clv 変異体では，花序メリステムや花メリステムのサイズが非常に増大している．したがって，花や花器官の数の増加は，これらのメリステムのサイズが増大した結果である．特に強い表現型が現れる花の場合には，心皮原基に囲まれた内側にも領域ができ，さらにそこに心皮原基が形成されることもある．これは，花の発生が進行しても，幹細胞が多く残存し，心皮原基をつくる細胞を過剰に供給していることを示している．図 3.3 は，*clv* 変異体における各種メリステムの様子を模式的に示したものである．*clv3* の花序メリステムは非常に肥大し，横長のカマボコ状になっており，多数の花メリステムを形成している（図 3.3B）．

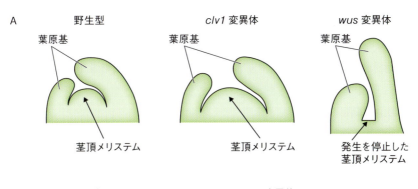

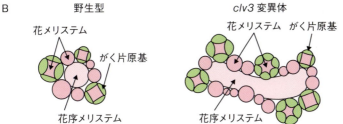

図 3.3　シロイヌナズナの *clv* 変異体と *wus* 変異体のメリステム
　（A）茎頂メリステム．*clv1* 変異体では，茎頂メリステムのサイズが増大している．*clv2* や *clv3* 変異体でも，程度の差はあるものの，メリステムサイズが増大する．一方，*wus* 変異体では，メリステムを維持することができないため，本来のメリステムの位置が扁平になっている．（B）花序メリステムと花メリステム．花序メリステムから，花メリステムが形成されている．*clv3* 変異体では，花序メリステムが肥大化し，そこから多数の花メリステムが形成されている．

これらの観察から，野生型における CLV 遺伝子群の機能は，幹細胞の増殖を負に制御して，メリステムを適切なサイズに維持することだと推定される。

WUSCHEL（WUS）遺伝子の作用

wus 変異体では，発芽後葉を数枚分化した後に，メリステムが終結 (terminate) する。wus 変異体はドーム状の茎頂メリステムを形成せず，葉原基の間が扁平になったり，細胞がほとんどなくなったりする表現型を示す (図 3.3A)。これは，茎頂メリステムを維持する能力が失われていることを示している。

wus は不定芽を生じやすく，枝分かれの多いシュートを形成する。この不定芽からは花茎が生じ，花も形成される。しかし，花の数が減少し，花器官の数も少なく，その傾向は内側の花器官ほど顕著である。花序メリステムや花メリステムも，茎頂メリステム同様，そのドーム構造を保てず早期に終結する。これは，幹細胞が維持されず消失してしまったことに起因していると考えられる。

wus と clv の各変異体との二重変異体は，wus に類似した表現型を示すことから，wus は clv の各変異体に対して遺伝的に上位である。

3.2.2 遺伝子単離とコードするタンパク質

WUS タンパク質

遺伝子が単離された結果，WUS はある特定のホメオドメインをもつ転写因子をコードしていることが判明した (図 3.4)。このホメオドメインをもつタンパク質をコードしている遺伝子は，シロイヌナズナには十数個存在し，WUSCHEL-RELATED HOMEOBOX（WOX）遺伝子ファミリーと呼ばれている。

CLV タンパク質

CLV1 は，LRR 型受容体キナーゼ（kinase キナーゼ）をコードしている。このタンパク質は，N 末端側にはロイシンが多い二十数アミノ酸からなるユニットが二十数回反復するロイシンリッチリピート (leucine-rich repeat;

LRR）構造を，C末端側にはセリン-スレオニン型のキナーゼドメインを，両者にはさまれた中央部分には疎水性のアミノ酸が多い膜結合に関与するドメインをもっている（図3.4）。ロイシンリッチリピート構造が細胞外からの何らかのシグナルを受容し，細胞質側のキナーゼ活性により，その情報を細胞内に伝達すると考えられている。

CLV2は，ロイシンリッチリピートをもつ点では，CLV1に類似しているが，細胞質側のキナーゼドメインが存在しない（図3.4）。*CLV3*は，100アミノ酸程度の小さな分泌性のタンパク質をコードしている（次節3.3参照；図3.10）。

遺伝学的解析から*CLV1*と*CLV3*は同一の遺伝的経路で機能することが示されており，コードするタンパク質から推定すると，この2つのCLVタンパク質は同一のシグナル伝達経路に関わっていると考えられる。

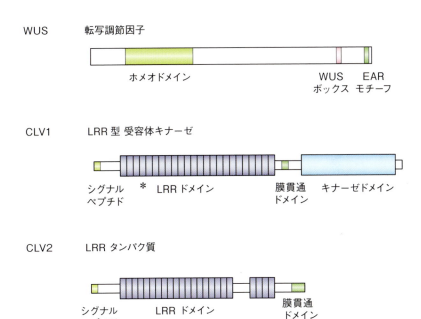

図3.4 WUS，CLV1，CLV2のタンパク質の構造
LRRドメインの小さなボックス（*）は，ロイシンが多い二十数アミノ酸からなる1つのユニットを示す。

3.2.3　*CLV* と *WUS* の相互作用と幹細胞アイデンティティー

空間的発現パターン

in situ ハイブリダイゼーション法で mRNA の空間的分布を調べると，*CLV3* は幹細胞に相当する領域で発現していることが示された（図 3.5）。一方，*WUS* は幹細胞の直下の領域で発現しており，*CLV1* はその *WUS* の発現領域を含むやや広い領域で発現していた。なお，*CLV2* は植物体全体で発現しており，局在性は示さない。

WUS は幹細胞増殖を促進するにもかかわらず，そこで発現していないことから，**細胞非自律的**（non-cell autonomous）に幹細胞にはたらきかけると考えられる。動物の発生における形成体（organizer）のはたらきを参考にして，*WUS* が発現する領域は**形成中心**（organizing center; OC）と呼ばれている。

CLV3 は WUS の発現を抑制する

変異体や形質転換体で，それぞれの遺伝子の発現を調べることにより，遺伝子の相互作用を知ることができる。*clv1* や *clv3* 変異体のメリステムでは，*WUS* の発現領域が拡大している（図 3.6）。また，*CLV3* を過剰発現させると，*WUS* の発現が抑制される。これらの結果は，*CLV3* が *WUS* の発現を負に制御していることを示している。

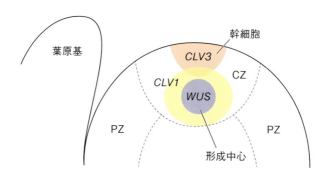

図 3.5　*WUS*，*CLV1* および *CLV3* の空間的発現パターン
　CLV3 は中央領域（CZ）の上部で発現し，その発現領域は幹細胞に相当する。

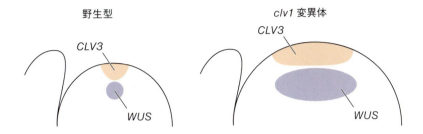

図 3.6 *clv1* 変異体における *CLV3* の発現パターン
野生型と比べると *clv1* 変異体のメリステムでは，*CLV3* の発現領域が非常に拡大している。すなわち，*clv1* 変異体におけるメリステムの肥大は，幹細胞が過剰に増殖した結果である。

WUS の作用と幹細胞アイデンティティー

clv1 変異体の肥大したメリステムでは，*WUS* に加えて *CLV3* の発現領域が拡大している。これは幹細胞が過剰に増殖していることを示している (図 3.6)。逆に，*wus* 変異体では *clv3* の発現は検出されないことから，幹細胞は消失していることがわかる。以上の遺伝学的な解析から，*WUS* は幹細胞増殖を促進していると推定される。

WUS が幹細胞の運命決定に関わり，その増殖を促進していることは，巧妙な分子遺伝学的実験からも示されている。例えば，葉原基で発現する遺伝子のプロモーターを用いて *WUS* を発現させると，葉原基は分化せず，その場所には未分化な細胞が増殖し，大きなドーム状の細胞塊が生じた (図 3.7)。さらに，この細胞塊の上部領域では，*CLV3* の発現が検出された。これらの結果は，*WUS* の異所的な発現により，本来葉原基に分化する細胞が幹細胞アイデンティティーを獲得したこと，*CLV3* の発現が誘導されたことを示している。

3.2.4　CLV-WUS の負のフィードバック機構による幹細胞の維持機構

前節で述べたような一連の研究から，次のような幹細胞の恒常性維持を説明するモデルが提案された。

第 3 章　メリステム — 幹細胞の維持と器官分化の場

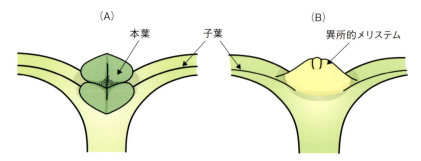

図 3.7　WUS の異所発現による幹細胞増殖の促進
(A) コントロール。茎頂メリステムから本葉が分化している。(B) 葉原基で発現を誘導する *AINTEGUMENTA*（*ANT*）遺伝子のプロモーターを用いて，*WUS* を発現させた場合。本来，葉が形成される場所が未分化な不定形の細胞集団で占められており，異所的にメリステム様の構造が形成される（Schoof *et al.*（2000）*Cell* よりイラスト化）。*in situ* ハイブリダイゼーションで解析すると，このメリステム様構造の上層部全体で，*CLV3* の発現が検出される。

負のフィードバック機構

形成中心（OC）で発現している *WUS* は，CZ 頂端部にはたらきかけ，幹細胞のアイデンティティーを促進するとともに，*CLV3* の発現を促進する（図 3.8）。*CLV3* がコードするタンパク質は，翻訳後修飾を受けペプチド性のシグナル分子となる（詳しくは 3.3 参照）。このシグナル分子は細胞外を移行して，メリステム中央部の *CLV1* に受容される。*CLV1* はリン酸リレーなどのシグナル伝達系を介して，最終的に，形成中心における *WUS* の発現を抑制する。すなわち，幹細胞の恒常性は，CLV と WUS の負のフィードバック機構によって制御されているのである。

幹細胞の微調節のしくみ

このモデルにしたがって，幹細胞維持の微調節を見てみよう（図 3.9）。*WUS* の発現が少し上昇するとする（1）。そうすると，幹細胞が多めにつくられ，かつ，CLV3 の量も上昇する（2）。量的に増えた CLV3 は，CLV1 を経由して WUS を抑制する（3）。この抑制が強すぎると，幹細胞の増殖が抑えられ，CLV3 の発現も低下する（4）。CLV3 の低下は，結果として，*WUS* の抑制の部分的解除につながる。その結果，*WUS* の発現が上昇し，サイク

ルのはじめに戻る（1）。この WUS と CLV との負のフィードバック機構により，幹細胞の数がほぼ一定に保たれ，メリステムの恒常性が維持されているのである。

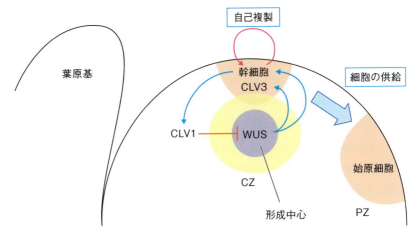

図 3.8　WUS-CLV の負のフィードバック機構による幹細胞の恒常性の維持
幹細胞は細胞分裂により，自己複製するとともに側生領域へ細胞を供給する．幹細胞の数は，WUS-CLV の負のフィードバック機構により，ほぼ一定に維持されている．矢印は促進を，T字バーは抑制を示す．

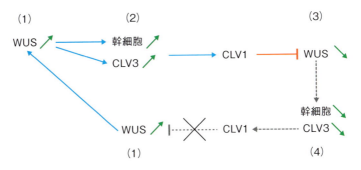

図 3.9　幹細胞の恒常性維持の制御機構
青の矢印は促進を，赤の T字バーは抑制を示す．

3.3 メリステムにおける細胞間コミュニケーションの分子機構

前節で述べたように，シロイヌナズナの幹細胞の恒常性は，CLVとWUSの負のフィードバック調節機構によって達成される。本節では，その調節機構を担う分子レベルの実体について解説する

3.3.1 CLV3のシグナル分子としての実体
CLV3-CLEペプチド

タンパク質の構造や遺伝的な関係から，CLV3はCLV1のリガンドと考えられていた。CLV3は，N末端側にシグナルペプチドをもつ分泌性のタンパク質であり，C末端近くには短いCLEドメインをもっている（図3.10）。*CLV3*はCLE遺伝子ファミリーに属し，シロイヌナズナには31個のメンバーが存在する。このファミリーのタンパク質はCLEドメインのみが保存されており，他の領域には類似性が見られない。これは，他の領域は機能には関与せず，CLEドメインが重要な機能をもっていることを示唆している。

CLV3の過剰発現体では，CLEドメインに相当する短いペプチドが大量に蓄積していることがわかり，このペプチドがCLV3のシグナル分子の実体である可能性が示された。このペプチドには，プロリン残基が3個存在するが，そのうち2個がヒドロキシル化されていた。さらに，詳しい解析により，CLEペプチドは13アミノ酸からなり，ヒドロキシプロリンの1つには，アラビノースという糖が3個付加されていることも明らかとなった（図3.10）。以下では，アラビノース付加前のCLV3-CLEペプチドをCLV3-CP，付加後のペプチドをCLV3-CP-Ara3と記述することにする。

CLV3-CLEペプチドのメリステムへの作用

シロイヌナズナの実生を液体に浸し，CLV3-CPを投与して浸透培養すると，茎頂メリステムのサイズが小さくなる。すなわち，*CLV3*の過剰発現と類似した効果が引き起こされる。CLV3-CP-Ara3を投与した場合には，CLV3-CPと比べて，非常に低濃度でもその効果がある。このような一連の研究から，CLV3-CP-Ara3が，CLV3のシグナル分子としての実体であるこ

3.3 メリステムにおける細胞間コミュニケーションの分子機構

CLV3 タンパク質

成熟型 CLV3 ペプチド
（CLV3-CP-Ara3）

H₂N-Arg-Thr-Val-Hyp-Ser-Gly-Hyp-Asp-Pro-Leu-His-His-His-COOH

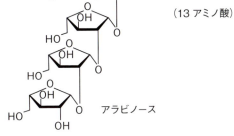

（13 アミノ酸）

アラビノース

図 3.10　CLV3 タンパク質の構造と成熟型の CLV3 ペプチド（CLV3-CP-Ara3）
CLV3 タンパク質はプロセッシングを受け，13 アミノ酸からなる CLE ドメインが切り出される．2 つのプロリンがヒドロキシル化されるとともに，3 分子のアラビノースからなる糖鎖修飾を受ける（Ohyama *et al.*（2009）Nat. Chem. Biol.）．

とが明らかにされてきた．

　まとめると，CLV3 タンパク質は翻訳後にプロセッシングを受け，CLE ドメインに相当する領域が，13 アミノ酸からなるペプチド（CLV3-CP）として放出される．このペプチドは，プロリンのヒドロキシル化と糖鎖付加という化学修飾を受ける．この CLV3-CP-Ara3 はシグナル分子として細胞間を移動し，CLV1 に受容される．CLV1 に受容されたシグナルは，未知の経路で *WUS* の発現を抑制する．これが，CLV シグナル伝達系による幹細胞の負の制御である．

3.3.2　CLV3-CLE ペプチドの受容体

CLV1 ホモダイマー
　タンパク質の構造と遺伝学的解析から，CLV1 は CLV3 の受容体と推定されていた．*clv1* 変異体で *CLV3* の過剰発現の効果が非常に弱いことは，こ

第3章　メリステム — 幹細胞の維持と器官分化の場

の推定を裏付けている．

　生化学的解析により，試験管内でCLV3-CPがCLV1の細胞外ドメインと結合することが示された．さらに，CLV3-CP-Ara3は，CLV3-CPと比べて，数百倍ものCLV1への結合活性をもっていることが判明した．このようにして，糖鎖修飾を受けたCLV3-CP-Ara3が，CLV1受容体のリガンドであることが分子レベルでも実証された．また，CLV1はホモダイマーを形成し，CLEペプチドを受容すると考えられている（図3.11）．

CLV2-CRN複合体とRPK2

　その後の解析により，CLV3-CLEペプチドの受容体は，他にも存在することがわかってきた．その1つが，CLV2-CORYNE（CRN）複合体である．*CRN*遺伝子は，*CLV3*の過剰発現効果を抑圧する変異体の解析から見いだされ，メリステムの維持とCLV3のシグナル伝達に関わることが遺伝学的に示された．さらに，CRNはCLV2とタンパク質複合体を形成することも判明した（図3.11B）．

　CLV2は，CLV1に類似したLRR型のドメインをもつことから，細胞外からのシグナルを受容するはたらきがあると考えられている．しかし，シグ

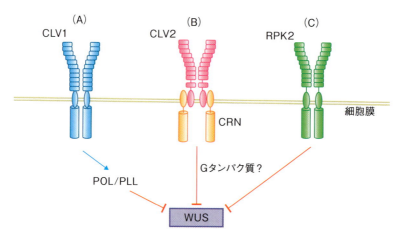

図3.11　CLV3ペプチドの受容体
　（A）CLV1ダイマー．（B）CLV2-CRN複合体．Gタンパク質の関与は推定．
　（C）RPK2ダイマー．矢印は促進を，T字バーは抑制を示す．

ナル伝達に関わる細胞質側のドメインがない．CRN は，細胞外ドメインを欠き，細胞質側にはキナーゼドメインに類似したアミノ酸配列があるが，リン酸化の触媒能はない．したがって，CLV2-CRN 複合体によって受容された CLV3 のシグナルがどのように細胞内に伝わるかは，現在のところ不明である．しかし，後述するように (3.4.3)，トウモロコシの CLV2 オーソログ (FEA2) が三量体型 G タンパク質を経由してシグナルを伝えることから，シロイヌナズナにおいても，同じようなシグナル伝達が関与する可能性は考えられる．

第 3 の CLV3-CLE ペプチド受容体は，RECEPTOR-LIKE PROTEIN KINASE2 (RPK2) である（図 3.11C）．この受容体の存在は，CLV3-CLE ペプチドの投与に対して，非感受性になる変異体の解析から見いだされた．この RPK2 を受容体とするシグナル伝達の際にも，G タンパク質が関与しているという報告がある．

受容体からのシグナル

メリステムサイズが大きくなった変異体のうち，最も，強い表現型を示すのが，*clv3* である．*clv1* の表現型は，*clv3* より弱く，*clv2* や *rpk2* の表現型はさらに弱い．*clv1 clv2 rpk2* の三重変異体を作製すると，*clv3* と同程度の表現型を示す．したがって，これら 3 つの受容体が CLV3 シグナルを受容し，シグナルを伝える主要経路であると考えられている．

これらの受容体によって受容された CLV3 のシグナルが *WUS* の発現を抑制するしくみについては，未解明のことが多い．ただ，CLV1 の下流には，*POLTERGEIST*（*POL*）とそれに類似した遺伝子（*PLL1*）が関与していることなどが判明している（図 3.13，p.43）．これらの遺伝子は，タンパク質脱リン酸化酵素の一種である protein phosphatase 2C をコードしており，CLV1 がキナーゼであることも考え合わせると，**リン酸リレー**（phosphorelay）[※3-3] が主要な伝達経路の 1 つと考えられている．

[※3-3] リン酸リレー：細胞内のシグナル伝達系の 1 つで，タンパク質のリン酸基を連続的に転移することにより，下流へ情報を伝える情報伝達様式．

3.3.3 幹細胞-ニッチ:メリステム領域間のコミュニケーション

WUSの細胞間移行

遺伝学的解析からは,*WUS*は形成中心で発現しており,細胞非自律的に幹細胞に作用することが示唆された.それでは,*WUS*はどのようなしくみで幹細胞にはたらきかけるのであろうか? これは,*WUS*の発見以来,十数年間誰もが抱いていた疑問であった.

得られた研究結果はきわめて単純であり,WUSタンパク質自身が,形成中心から幹細胞領域へと移動することが明らかとなった.WUSが細胞間を移動できないようにすると,メリステムの維持ができなくなり,*wus*変異体のような表現型を示す.また,この移動は,**原形質連絡**(plasmodesmata)を経由することも判明した.すなわち,このWUSタンパク質それ自体が形成中心から幹細胞領域へと移動し,幹細胞アイデンティティーを決定しているのである.また,WUSは*CLV3*のプロモーターに直接結合し,その発現を誘導することも判明した.

幹細胞-ニッチ

3.2.4で述べたCLV-WUSの負のフィードバック機構は,「メリステム内の2つの領域間のコミュニケーションによって支えられている」という点が重要である.すなわち,形成中心(OC)で発現しているWUSタンパク質は,幹細胞領域に移行し,そのアイデンティティーを決定しその増殖を促進する(図3.12).さらに,WUSタンパク質は,幹細胞でCLV3の発現を促進する.一方,CLV3タンパク質はシグナル分子(CLV3-CP-Ara3)へとプロセスされ,形成中心へと移行しCLV1などに受容される.その受容されたシグナルは形成中心における*WUS*の発現を抑制する.このように,WUSタンパク質とCLV3-CP-Ara3の領域間の移行とその作用,すなわち,形成中心と幹細胞との間のコミュニケーションによって,幹細胞の恒常性が維持されている(図3.12).

幹細胞とそれを制御する領域が分かれているのは,動物においても同様であり,幹細胞を制御する領域は,一般に**ニッチ**(niche)と呼ばれている.茎頂などのメリステムにおいては,*WUS*が発現している形成中心がニッチ

3.3 メリステムにおける細胞間コミュニケーションの分子機構

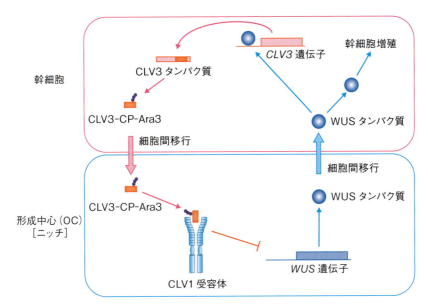

図 3.12　幹細胞と形成中心との間のコミュニケーション
幹細胞では，WUS により *CLV3* 遺伝子の発現が誘導される．CLV3 タンパク質はプロセッシングと糖鎖修飾を受け，CLV3-CP-Ara3 となる．このシグナル分子は，形成中心へと移行し，CLV1 ホモダイマーからなる受容体に受容される．そのシグナルは，リン酸リレーなどを介して，*WUS* 遺伝子の発現を抑制する．形成中心で発現する WUS タンパク質は，それ自身が幹細胞へ移行し，幹細胞増殖と *CLV3* 遺伝子の発現を促進する．矢印は促進を，T 字バーは抑制を示す．

に相当する（図 3.12）．根端メリステムでも，同様の幹細胞の制御が行われており，静止中心といわれている少数の細胞がニッチに相当する．すなわち，メリステムにおいて，幹細胞のアイデンティティーやその恒常性が維持されるためには，幹細胞−ニッチという微環境（micro-environment）と，この微環境内におけるコミュニケーションが必要なのである．

3.3.4　サイトカイニン作用と幹細胞

WUS の分子機能

WUS は *WOX* 遺伝子ファミリーに属する転写因子をコードしており，当初はメリステムにおいて下流の遺伝子の発現を制御していると考えられてい

た．その後，ゲノムワイドの解析により，*WUS* は非常に多くの遺伝子の発現制御に関わっていること，転写促進だけでなく抑制の作用ももっていることが明らかにされてきた．

それでは，幹細胞の維持においては，*WUS* はどのような遺伝子の発現を制御しているのであろうか？ *WUS* の人為的な発現誘導を活用したマイクロアレイ解析により，*WUS* はいくつかの *ARABIDOPSIS RESPONSE REGULATOR*（ARR）の発現を抑制していることが見いだされた (図 3.13)．ARR とは，**サイトカイニン**（cytokinin）のシグナル伝達に関わる因子である．

サイトカイニンシグナリングと WUS の役割

サイトカイニンは，主要な植物ホルモンのひとつであり，様々な発生プロセスや生理応答において，細胞分裂制御に関わっている．ARR は細胞外のサイトカイニンを受容したシグナルを下流の遺伝子に伝える因子の1つであり，type-A ARR と type-B ARR に大別される．type-B ARR が転写因子として機能するドメインをもち，サイトカイニンシグナルの正の因子として作用するのに対し，type-A ARR はそのドメインをもたず負の因子として作用する．

WUS が抑制しているのは，ARR7 や ARR15 などの type-A ARR をコードする遺伝子である．WUS は，他の因子を介さず，これらの *ARR* 遺伝子の発現を直接抑制している．*ARR7* のプロモーターには，WUS が直接結合することも示されている．アミノ酸を変化させた構成的活性型の *ARR7* を過剰発現すると，メリステムが大きな影響を受け，*wus* 様の表現型になる．一方，*ARR7* と *ARR15* の発現を同時に誘導的に抑制すると，*CLV3* の発現が低下し，メリステムのサイズが増大する．すなわち，これらの ARR はメリステムの維持と密接に関連している．

まとめると，*WUS* は負の制御因子の発現を抑えることにより，サイトカイニン作用を正に制御しており，その結果，幹細胞の増殖が促進されると考えられている (図 3.13)．

サイトカイニン勾配と WUS の発現ドメインの決定

WUS は幹細胞領域の真下の形成中心で発現する．この *WUS* の発現領域

3.3 メリステムにおける細胞間コミュニケーションの分子機構

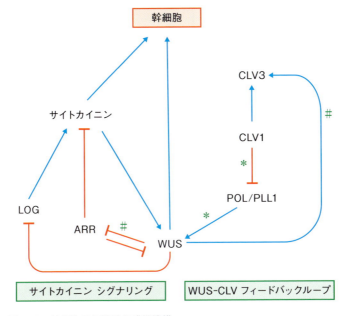

図 3.13　幹細胞の恒常性の維持機構
矢印は促進を，T字バーは抑制を示す．また，#は直接的転写制御を，
＊はリン酸リレーによるシグナル伝達を示す．

の位置決定にもサイトカイニンが重要なはたらきをしている．

　後述するように（3.4.4），*LONELY GUY*（*LOG*）は，イネの花メリステムを正に制御する遺伝子として見いだされた．*LOG* はサイトカイニンの生合成に関与する酵素をコードしており，この酵素はこの生合成の最終段階で不活性型のサイトカイニンを活性型に変換する作用をもつ．

　シロイヌナズナには少なくとも9個の *LOG* 遺伝子があるが，そのうち *LOG4* は，茎頂メリステムのL1層で発現している．LOG4の作用により活性型になったサイトカイニンは，拡散して濃度勾配を形成する．サイトカイニンの受容体の1つである ARABIDOPSIS HISTIDINE KINASE4（AHK4）は，形成中心にほぼ相当する領域で発現している．サイトカイニンは *WUS* の発現を誘導する作用をもつので，AHK4の存在する形成中心領域で *WUS* が発現することになる（図3.14）．

サイトカイニンシグナリングと CLV 伝達系

しかしながら，サイトカイニンの濃度勾配だけからでは，形成中心の上部領域に *WUS* の発現が強く偏ることになる。

これを微調整するのが CLV シグナル伝達系である。幹細胞でつくられた CLV3-CLE ペプチドも濃度勾配を形成するため，CLV3-CLE ペプチドによる *WUS* の抑制効果は CZ の上部領域の方が強くなる。したがって，*WUS* の発現を正に制御するサイトカイニンと負に制御する CLV3-CLE ペプチドとの濃度バランスが適切なところで，*WUS* の発現が促進され，図 3.5（p.32）で示されるような発現パターンとなると考えられる。すなわち，正の因子であるサイトカイニンと負の因子である CLV3 の拮抗作用によって，成長中の植物の茎頂メリステム内において，その頂端部から一定の距離で *WUS* が発現する位置＜形成中心＞が決定されるのである。また，*WUS* は，*LOG4* の発現を抑制するため，サイトカイニンシグナルと *WUS* の発現とは，負のフィードバックを形成する（図 3.13）。

野生型の茎頂メリステムにサイトカイニンを投与すると，メリステムがやや肥大する。これに対し，*clv3* 変異体に同じ処理をすると，非常に激しい

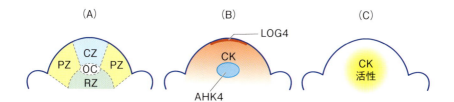

図 3.14　メリステムにおけるサイトカイニン活性
（A）メリステムの機能領域。（B）活性型サイトカイニンの濃度勾配（オレンジ色）。*LOG4* はメリステム頂端部の L1 層で発現しており（太い赤線部分），LOG4 タンパク質の酵素作用により活性型サイトカイニンが生じる。メリステム頂端部から，この活性型サイトカイニンの濃度勾配が形成される。サイトカイニンの受容体である AHK4 は，形成中心とほぼ同じような領域で発現している（青い楕円）。（C）サイトカイニン活性。サイトカイニンは AHK4 で受容され，その下流にシグナルが伝達される。したがって，AHK4 が発現している形成中心でサイトカイニン活性が最も高くなる（黄色）。CK, サイトカイニン；CZ, 中央領域；OC, 形成中心；PZ, 周辺領域；RZ, リブ領域。Schaller *et al.*（2014）Curr. Opin. Plant Biol. より改変。

メリステムの肥大が起こる。上部から見たメリステムの面積を指標とすると、野生型では約1.5倍の増大であるのに対し、*clv3* 変異体では、15倍もの増大となる。この結果から、CLVシグナル伝達系は、サイトカイニンによる幹細胞増殖の促進を緩衝する作用をもっていると考えられている。

3.4 イネとトウモロコシにおけるメリステムの維持制御

3.1で述べたように、単子葉植物の外衣は1層のみであり、シロイヌナズナなどのように外衣が2層に分化しているわけではない。このように、やや異なる構造をもつ単子葉植物のメリステムでも、同じような遺伝的機構によって、恒常性が維持されているのであろうか？ 結論からいうと、イエスであり、その機構は保存されている。しかし、シロイヌナズナには見られない、独自のしくみも存在する。本節では、イネとトウモロコシにおけるメリステムの維持機構について解説する。

3.4.1 イネの花メリステムの制御
FLORAL ORGAN NUMBER（*FON*）遺伝子

イネの *floral organ number1*（*fon1*）および *fon2* 変異体では、雄蕊や雌蕊などの花器官数が増加し、内部の花器官ほどその増加の程度が大きい（図3.15）。花メリステムを観察すると、そのサイズが非常に増大していることがわかる（図3.16）。これらの花の表現型は、シロイヌナズナの *clv* 変異体と類似している。*fon1 fon2* の二重変異体が相加効果を示さないことから、これら2つの遺伝子は同じ遺伝的経路ではたらいていると考えられる。

遺伝子を単離した結果、*FON1* は CLV1 に類似した LRR 型受容体キナーゼを、*FON2* は CLV3 様の CLE ドメインをもつ小さなタンパク質をコードしていることが判明した（表3.1）。*FON2* を過剰発現させると、小穂の数が減少し、花器官の数も極度に少なくなる（図3.15）。この *FON2* の効果は *fon1* 変異体では全く見られないことから、FON2 のシグナルは、FON1 を経由して伝達されると推察される。

第3章 メリステム － 幹細胞の維持と器官分化の場

| 野生型 | fon1 変異体 | fon2 変異体 | FON2 過剰発現体 |

fon1 変異体

図 3.15 イネの fon 変異体の小穂
実体顕微鏡像(上段)と走査型電子顕微鏡像(下段)。矢尻は雄蕊を,矢印は雌蕊を示す。(写真提供:寿崎拓哉。一部は Suzaki et al. (2006) Plant Cell Physiol. より転載)

| 野生型 | fon1 変異体 |

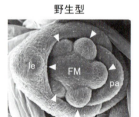 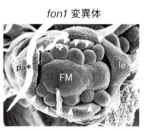

図 3.16 発生初期のイネの花メリステム
 fon1 変異体のメリステムは,野生型より非常に肥大しており,10 本以上の雄蕊原基(矢尻)を分化している。fon2 変異体でも同様にメリステムサイズの増大が見られる(写真提供:寿崎拓哉)。FM, 花メリステム;le, 外穎原基;pa, 内穎原基;pa*, 内穎が外穎のように変化した器官の原基。

変異体の表現型，遺伝的関係，コードする遺伝子などを考えると，CLVシグナル伝達系に類似したメリステム維持の負の制御系が，FON 伝達系としてイネでも保存されていると考えられる。

しかしながら，シロイヌナズナとは異なる点もある。その第1は，*fon1*，*fon2* の変異や *FON2* の過剰発現は，栄養成長期には大きな影響を与えないことである（3.4.2 参照）。第2は，イネの花のメリステム制御には，CLE 遺伝子ファミリーに属する *FON2 SPARE1*（*FOS1*）という遺伝子が冗長的に関与していることである。

FOS1 遺伝子

これまで，無造作にイネという言葉を用いてきたが，アジア原産の栽培イネ（*Oryza sativa*）には，ジャポニカ（*O. sativa japonica*）とインディカ（*O. sativa indica*）という2つの亜種がある。発生学研究に使われているのは，主にジャポニカの系統である。インディカに *fon1* や *fon2* 変異を導入しても，表現型は現れない。それは，インディカでは FON2 経路と冗長的にはたらく FOS1 経路が花のメリステムを制御しているからである（図 3.17）。ジャポニカでは，FOS1 タンパク質がプロセッシングを受ける部位にアミノ酸置換があり，FOS1 の機能は大幅に低下している。したがって，*fon1* や *fon2* が機能を失うと，花メリステムの増大が観察される。

ところで，ジャポニカとインディカは，ともに，*O. rufipogon* という野生

表 3.1　幹細胞の負の制御経路に関与する遺伝子

	シロイヌナズナ	イネ	トウモロコシ
シグナル分子	CLV3	FON2	-
	-	FOS1, FCP1/2	-
CLV1 様受容体	CLV1	FON1	TD1
受容複合体	CLV2-CRN	-	FEA2-?
G タンパク質		D1	CT2
受容体	RPK2	-	-

- は，遺伝子が未同定であることを示す。

第3章 メリステム － 幹細胞の維持と器官分化の場

イネから栽培化されてきた．ジャポニカ以外のイネでは，FOS1のこの部位のアミノ酸配列には変異はないため，FOS1は正常に機能する．一方，すべてのジャポニカ系統（品種）は，FOS1の同じ位置に機能低下につながる変異をもっている．すなわち，*FOS1*に関しては，ジャポニカのすべての系統は変異体であり，この変異はジャポニカの栽培化の非常に初期の過程で起こったと考えられる．

3.4.2 イネの茎頂メリステムの制御

FCP1 と *FCP2* 遺伝子

イネの茎頂メリステムは，*FON2-LIKE CLE PROTEIN1*（*FCP1*）と*FCP2*の2つのCLEドメインをコードする遺伝子によって，冗長的に制御されている（図3.17, 3.18）．FCP1とFCP2のCLEドメインはアミノ酸1つのみが異なっているだけであり，互いを除けば，FON2と最も近縁である．

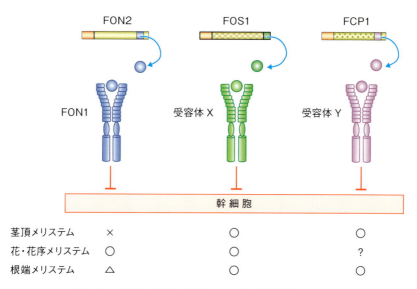

図3.17 イネにおけるメリステムの負の制御経路
○は左に示してあるメリステムを制御していることを，×は制御に関与していないことを示す．△は弱い制御．
矢印は促進を，T字バーは抑制を示す．

FCP1 と *FCP2* を同時に誘導的に発現抑制すると，*FON2* の発現領域が拡大する[※3-4]。逆に，*FCP1* を構成的に過剰発現すると茎頂メリステムが形成されなくなる。誘導的に過剰発現した場合には，*FON2* の発現が消失する。これらの結果から，*FCP1* と *FCP2* が茎頂メリステムにおける幹細胞増殖を負に制御していることが明らかになってきた（図3.17）。

　また，*FCP1* と *FCP2* を同時に発現抑制すると，葉原基の始原細胞においても，未分化細胞のマーカーである *OSH1*（3.1.3）が発現するようになる。野生型では，*OSH1* はメリステムの未分化細胞で発現し，葉原基始原細胞では本来発現していない。したがって，*FCP1* と *FCP2* は，メリステムが過度の未分化状態になることを防いでおり，結果として，周辺領域（PZ）において細胞分化を促進していることになる。

3つの負の制御経路

　ところで，*FOS1* を過剰発現しても，*FCP1* と同じような効果が現れることから，*FOS1* も茎頂メリステムの制御に関わっている可能性がある。また，*fon1* 変異体で，*FCP1* あるいは *FOS1* を過剰発現させても，野生型の場合と同じ影響が現れる。このことは，FCP1，FOS1 ともに，FON1 とは異なる受容体を通して，シグナルを伝えていると考えられる。したがって，イネにおいては，3つのシグナル伝達系が，独立に，メリステムの維持制御に関わっている可能性が考えられている（図3.17）。（ただし，FCP1 と FOS1 が同じ受容体に受容される可能性は残されている。）

　シロイヌナズナでは，CLV3 が唯一のシグナル分子としてはたらき，受容体は3つのタイプがある。そして，この CLV3 経路が，茎頂や花序，花など，すべての地上部メリステムの維持制御に関わっている（図3.11）。一方，イネにおいては，シグナル分子−受容体の3つの組み合わせの独立した経路があり，それぞれの経路はメリステムのタイプにより，維持制御への貢献度が

[※3-4] *FON2* は茎頂メリステムでも幹細胞領域で発現している。*FON2* の過剰発現が栄養成長期に影響を与えないのは，茎頂メリステムで FON1 タンパク質が機能していないことによると考えられる。

第3章　メリステム — 幹細胞の維持と器官分化の場

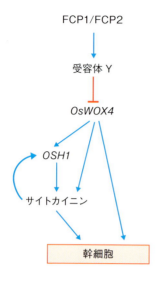

図 3.18　イネの幹細胞維持の制御機構
　OsWOX4 は，メリステムの未分化性を制御する *OSH1* の発現促進やサイトカイニンシグナルを介して，幹細胞の増殖を正に制御する．一方，*OSH1* を介さない未知の経路の存在も示唆されている．負の制御因子であるFCP1およびFCP2のシグナルは，未知の受容体（Y）に受容され，*OsWOX4* 遺伝子の発現を抑制する．矢印は促進を，T字バーは抑制を示す．

異なっていると考えられる（図 3.17）．

正の制御因子— *OsWOX4*

　イネの茎頂メリステムを正に制御する因子は，*WOX* 遺伝子ファミリーのメンバーの1つ *OsWOX4* である（図 3.18）．*OsWOX4* はメリステム全体で発現しており，これを誘導的に発現抑制すると，*FON2* と *OSH1* の発現が消失あるいは低下する．すなわち，*OsWOX4* は幹細胞アイデンティティーと細胞の未分化状態を正に制御している．

　また，*OsWOX4* は *FCP1* によって，負に制御されている．このことは，*OsWOX4* の誘導的発現抑制の効果が，*FCP1* の誘導的過剰発現の表現型に類似していることとも良く一致している．

　FCP1 と *OsWOX4* との関連は，*CLV3* と *WUS* との関連に良く類似しており，イネの茎頂メリステムにおいても，CLV-WUS の負のフィードバック機構が保存されていることが推察される．

WOX 遺伝子の機能分化

　OsWOX4 はシロイヌナズナの *WOX4* のオーソログである（図 3.19）．シロイヌナズナでは，*WOX4* は前形成層で発現し維管束の幹細胞アイデンティ

ティーを促進しているが，メリステムでは発現していない。メリステムの幹細胞は *WUS* によって制御されている。これに対し，イネでは，*OsWOX4* がメリステムの幹細胞を制御しており，維管束分化にも関与することが示唆されている。一方，イネの *WUS* 遺伝子のオーソログ（*OsWUS*）は，メリステムの維持ではなく，次に述べるように腋芽メリステムの形成という重要な機能を担っている。

一般に，被子植物の二次シュート（枝）は，葉腋（leaf axil）[※3-5] に形成された腋芽に由来している。**腋芽**（axillary bud）は**腋芽メリステム**（axillary meristem）と数枚の葉原基から構成されている。イネでは，*WUS* オーソログの機能が喪失すると腋芽メリステムが分化せず，その結果二次シュート（**分蘖** tiller）も形成されない。そのため，イネの WUS オーソログは，*TILLERS ABSENT1*（*TAB1*）と命名されている。*TAB1* は，腋芽メリステム形成初期のプレメリステム領域（pre-meristem zone）で発現し，その未分化状態を維持するはたらきをしている (図 3.20)。プレメリステム領域において，すでに幹細胞が確立しているとすれば，*TAB1* はその幹細胞の維持を行っていると考えられる。この考えに基づけば，*WUS/TAB1* の機能は類似しているものの，イネでは *TAB1* の機能がきわめて限られた発生ステージに限定されていることになる。

腋芽メリステムが確立(完成)する頃になると *TAB1* の発現は消失する (図 3.20)。*TAB1* は胚由来の茎頂メリステムでは発現しておらず，*tab1* 変異体

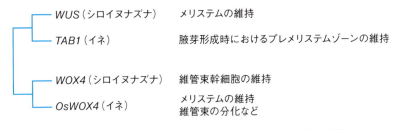

図 3.19 シロイヌナズナとイネにおける *WOX* 遺伝子の機能分化

※3-5　葉腋：茎と葉の接点付近。

は胚発生や発芽には全く影響はない。したがって，*TAB1* は，完成したメリステムでは機能をほとんどもっていないと考えられる。一方，*OsWOX4* は，プレメリステム領域では発現せず，腋芽メリステムが確立する直前から発現を開始し，確立した腋芽メリステムで強く発現する（図 3.20）。このように，イネの腋芽形成においては，2 つの *WOX* 遺伝子が入れ替わるように作用している。

以上のように，2 組の *WOX* 遺伝子（*WUS/TAB1*; *WOX4/OsWOX4*）の機能を見てみると，それぞれ，植物の発生に重要なはたらきをしているにもかかわらず，シロイヌナズナとイネでは少しずつ機能が異なっていることがわかる。被子植物の進化の過程で，これらの遺伝子がどのように機能分化

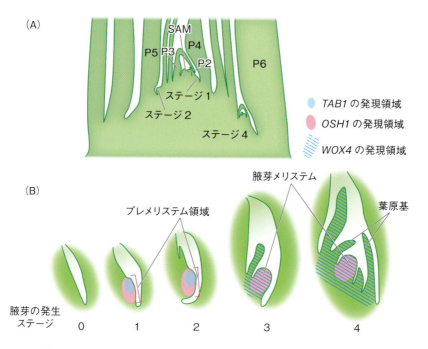

図 3.20 イネにおける腋芽メリステムの形成パターン
（A）イネの茎頂部分。いろいろな発生ステージの腋芽が葉腋に形成されている。（B）各発生ステージの腋芽の形態と *TAB1*，*WOX4*，*OSH1* の発現パターン（Tanaka *et al.*（2012）Plant Cell より転載）。

してきたのか，祖先型の機能はどのようなものだったのかを理解することは，進化発生学の面からも非常に興味深い．今後，基部の被子植物におけるこれらの遺伝子の機能解明も含めて，研究の進展が期待される．

3.4.3　トウモロコシの花序メリステムの維持制御

花序形態

　トウモロコシは，単性花を生じる雌雄同株植物である．**雌性花序**（ear）には**雌花**（female flower）が，**雄性花序**（tassel）には，**雄花**（male flower）が形成される（8.2参照）．雄性花序はブランチを形成し，穂軸とブランチ上に小穂が着生する．一方，雌性花序はブランチを全く分岐しない太い主軸のみであり，その周りに多数の小穂を形成する．この小穂内には雌蕊が形成され，受粉後種子が稔ると，日常で食する，いわゆる「とうもろこし」になる（図3.21）．

TD1 と *FEA2* 遺伝子

　トウモロコシの *tassel dwarf1*（*td1*）や *fasciated ear2*（*fea2*）変異体では，花序の形態が異常となる（図3.21）．野生型では，稔った雌性花序に穀粒が整然と列をなして並び，先端部分は円錐形になる．*td1* や *fea2* の変異体では，雌性花序が先端まで太く，全体として太い円柱状になる（帯化※3-6 花序）．しかも，穀粒が無秩序に着生し，その列が大きく乱れる．雄性花序においても穂軸が太くなり，小穂内部では花器官数が少し増加する．発生中の雌性花序を走査型電子顕微鏡（SEM）で見ると，花序メリステムが非常に大きくなり，多数の小穂メリステムを生じているのが観察される．すなわち，花序形態の異常は花序メリステムのサイズ増大が原因である．

　遺伝子が単離された結果，*TD1* は CLV1 様の LRR 型受容体キナーゼを，*FEA2* は細胞質ドメインのない CLV2 様の LRR タンパク質をコードしていることが判明した（表3.1, p.47）．すなわち，トウモロコシにおいても，シロイヌナズナの CLV シグナル伝達系に類似した機構によって，花序メリス

※3-6　帯化：いくつかの茎や軸が融合し，太い帯状になった状態．

コラム 3.2　イネの花の変異体と栄養体生殖

　イネの二次シュート形成は，分蘖と呼ばれており，イネはこの分蘖により個体数を増やすことができる。腋芽から二次シュートが伸長し始めると，茎の最も下の節から不定根（冠根 crown root という特別な名称も付けられている）が形成される。これにより，二次シュートは独立した個体として成長することができる。すなわち，イネの二次シュート形成（分蘖）は，栄養体生殖に相当する。このような目で見ると，*TAB1* はイネの栄養体生殖に必須の遺伝子であると言い換えることもできる。

　多くの場合，花の器官形成が異常となった変異体（第 5 章参照）は，子孫を残すことができない。そのため，そのような花の変異体は，ヘテロ接合体として維持し，自家受粉により生じた子孫から変異アレルをホモにもつ個体を同定して，様々な解析に用いる。しかし，イネでは，変異遺伝子をホモ接合体のまま維持することができる。それは，イネは多年生の性質をもっており休眠した腋芽が越冬できることと，栄養体生殖が可能であることによる。具体的には，種子が稔った後に地上部を刈り取り，基部の腋芽を残したまま適切な環境に置いておくと，腋芽は休眠したまま越冬する。春になって良い生育条件が整えば，腋芽が成長し分蘖も形成される。これを株分けすれば，変異ホモ接合体の個体を多数得ることができる。この方法は，シロイヌナズナやトウモロコシには適用できない，イネの利点である。

テムの維持が制御されていることが判明した。

FEA2 遺伝子とトウモロコシの品種改良

　雌性花序の穀粒の列の数は，トウモロコシの品種によりほぼ一定である。この穀粒列数と花序メリステムのサイズとの間には正の相関があることが明らかにされた。また，穀粒列数の品種間差に関与する因子として *FEA2* 遺伝子が同定され，穀粒列数の多い品種では *FEA2* の発現量が相対的に低下していることも示された。これらの結果は，穀粒列数の増加を目指したトウモロコシの品種改良では，結果として，メリステムサイズの負の制御因子である *FEA2* の発現が低下した系統を選抜してきたことを示している。したがって，発生遺伝学の基礎的な研究は，作物の収量増加の分子的基盤のしく

| 野生型 | td1 変異体 | fea2 変異体 |

図 3.21　野生型とメリステムの変異体に生じたトウモロコシの雌性花序
（写真，B. I. Je 博士と D. Jackson 博士の好意による）

みをも解明してきたことになる。

CT2 遺伝子と G タンパク質

　compact plant2（*ct2*）変異体は，*td1* や *fea2* などに見られるように，雌性花序が帯化するとともに，雄性花序の穂軸が太くなる。*CT2* 遺伝子が単離された結果，三量体型 GTP 結合タンパク質（G タンパク質）の α サブユニットをコードしていることが判明した（表 3.1, p.47）。

　G タンパク質は，真核生物一般に広く存在し，細胞膜上の受容体と共役し，細胞内へシグナルを伝達する役割を果たしている。動物と比べると数は少ないが，植物でも三量体型 G タンパク質が細胞伸長の制御やホルモンのシグナル伝達に関与していることが知られている。したがって，CT2 は何らかの受容体と相互作用して，シグナル伝達に関与している可能性がある。

　その受容体の候補として，FEA2 があげられる。*td1 fea2* と *td1 ct2* の二重変異体は，それぞれの変異体の相加的な表現型を示すのに対し，*fea2 ct2* 二重変異体の表現型は，それぞれの単独変異体と変わらない。これは，

FEA2とCT2は同一の経路ではたらいていることを示している。さらに，FEA2とCT2のタンパク質は物理的に相互作用する。したがって，FEA2に受容されたシグナルは，三量体型Gタンパク質を介して，細胞内へと伝達される可能性がある。

3.3で述べたように，シロイヌナズナではCLV2に受容されたシグナルがどのような経路で伝達されるのかは，未解明である。CLV2がFEA2のオーソログであることを考えると，CLV2のシグナル伝達にもGタンパク質が関与する可能性がある。

ZmFCP1-FEA3 伝達経路

fea3 変異も，*td1* や *fea2* 変異のように，花序メリステムの増大や花序の帯化を引き起こす。*FEA3* 遺伝子は，シロイヌナズナやイネではこれまで知られていないタイプのLRR型受容体様のタンパク質をコードしていること，この受容体のリガンドはイネのFCP1に最も近いCLEペプチド（ZmFCP1）であることが判明した。*ZmFCP1* のノックアウト系統は *fea3* と同様の表現型を示すこと，*FEA3* と *ZmFCP1* は同一の遺伝的経路ではたらくことなども示され，メリステムサイズを負に制御するシグナル伝達系として，ZmFCP1-FEA3経路が新たに存在することが明らかとなった。さらに，シロイヌナズナにおいて *FEA3* オーソログの発現を阻害すると，茎頂メリステムが増大し帯化茎を生じることも示された。このように，イネで発見されたFCP1は，トウモロコシにおいてZmFCP1-FEA3伝達経路として発展し，この経路は被子植物一般に保存されていることが明らかになりつつある。

3.4.4 イネ科のメリステムとサイトカイニン

イネやトウモロコシにおいても，メリステムの維持制御にサイトカイニンが重要な役割を果たしている。

葉序を制御する *ABPH1* 遺伝子

野生型のトウモロコシは**互生葉序**（alternate phyllotaxy）で葉を分化するのに対し，*abphyl1*（*abph1*）変異体では，**対生葉序**（decussate phyllotaxy）で葉を分化する。*abph1* 変異体では茎頂メリステムが肥大している。そのた

め，葉原基を分化するスペースが十分あり，互生から対生へと葉序パターンが変化したと考えられる。遺伝子単離の結果，*ABPH1* は，シロイヌナズナの type-A ARR のようなレスポンスレギュレーターをコードしていることが明らかになった。つまり，*abph1* では，サイトカイニンシグナルを負に制御する因子が機能を失ったため，メリステムサイズが増大したと考えられる。

サイトカイニンの活性化に関わる *LOG* 遺伝子

イネの *lonely guy*（*log*）変異体では，雌蕊や雄蕊の数が減少する。これは，花メリステムが維持できなくなることが原因と考えられ，*log* の花メリステムでは *OSH1* の発現が激減し，細胞分裂活性も大きく低下している。*LOG* は，花やブランチメリステムの頂端部で発現している。

LOG タンパク質は，これまで知られているタンパク質との相同性がなく，遺伝子が単離されただけでは，その機能は推定できなかった。生化学的な研究の結果，LOG タンパク質はサイトカイニン合成の最終段階を触媒し，不活性型のサイトカイニンを活性型に転換する酵素であることが判明した。これは，サイトカイニンの研究分野においても大きな発見であった。

OsWOX4 とサイトカイニン

OsWOX4 が過剰発現しているカルスを再生させると，高濃度のサイトカイニン存在下で再生させたカルスと類似した表現型を示す。これは，*OsWOX4* の下流にはサイトカイニンシグナリングが作用していることを示唆している（図 3.18, p.50）。

このように，イネやトウモロコシでも，サイトカイニンがメリステム維持に重要なはたらきを演じている。*ABPH1* によるサイトカイニンの重要性は，シロイヌナズナで *WUS* が type-A ARR を抑制しているという論文より1年先行して見いだされたものである。また，イネにおける *LOG* の発見は，シロイヌナズナにおける形成中心領域の決定メカニズムの解明（3.3.4）へとつながっている。

第4章　花成制御の分子メカニズム

　春はサクラ，秋はキクといったように，四季折々の花はわたしたちの生活に彩りを与え，季節感をもたらす。このように，同じ植物が毎年決まった時期に花を咲かせるのは，植物が季節を的確に判断して花を咲かせる精緻なしくみをもっているからに他ならない。花を咲かせるタイミングを決めるに際して，植物は環境からの様々な情報を利用している。なかでも，日長の季節変化を感知して花を咲かせる「光周性花成（photoperiodic flowering）」のしくみは，古くから多くの先人たちの興味をかきたててきた。本章では，現在モデル植物で明らかにされている花を咲かせる巧妙なしくみについて，光周性花成を中心に概説する。

4.1　花成のしくみ

　わたしたちが日常的にイメージする「花が咲く」という現象は，生物学的な「花が咲く」，すなわち「成長相の転換に伴う生殖器官の発生・分化過程」の一部分に目を向けているに過ぎない。本節では，まず「花が咲く」という現象の全体像を生物学的に理解することからスタートする。また，花が咲くタイミングを決めるにあたって，植物は多くの環境情報を利用している。本節の後半では，花が咲く時期の決定に関わる環境情報とその情報を集約するしくみを紹介する。

4.1.1　「花が咲く」とは

　植物が生殖成長を開始するのに適した環境下では，**茎頂メリステム**（vegetative meristem）は**花序メリステム**（inflorescence meristem）へと，その性質を変化させる。この頂端メリステムのアイデンティティーの転換は，遺伝子発現，代謝産物などの劇的な変動を伴い，その結果として頂端メリス

テムに形態的・生理的な変化をもたらす。一方，発生学的には，花序メリステムからは，葉の代わりに**花メリステム**（floral meristem）が生み出されるようになり，花メリステムからは生殖器官である花器官が分化する。メリステムのアイデンティティーの転換に端を発し，花器官の分化が開始される一連のプロセスは「**花成**（floral transition）」と呼ばれ，生物学的な「花が咲く」現象の第一段階に位置づけられる。

シロイヌナズナやイネの場合，「花成」後も休止することなく花器官は成熟し，開花へと進む。それに対して，未熟な花器官が分化した後，花器官の成熟をいったん休止する植物も知られている。例をあげれば，春に可憐な花を咲かせるサクラの多くは，実際には前年の夏の間に花成を終えている。また，チューリップの球根内部には前年の夏につくられた花器官が観察され，春の到来を待っている状態にある。こうしたことから，生物学的な「花が咲く」という現象は，環境情報を感知して花器官の形成を開始する「花成」と呼ばれる素過程と，その後の，花器官が成熟し花開くまでの「開花」と呼ばれる素過程の2つの段階から成っていることが理解できる。わたしたちが漠然と「花が咲いた」と表現している現象の中には，「開花」段階だけに目を向けているケースも少なくはない。

なお，本章で扱う「花が咲く」現象は，「花成」現象のことである。花成開始時期の決定は，後述する様々な環境情報によって制御されている（4.1.2参照）。したがって，花成誘導の分子的しくみを解明することは，環境に合わせて姿・形を柔軟に変化させる植物の特性を理解する上で重要な課題の1つである。

4.1.2 花成を制御する環境要因

植物は，花成を開始するタイミングを決定する際に，自らを取り巻く外部環境からの情報（外的要因），自らの体内環境からの情報（内的要因）を巧みに利用している。多種多様な外的・内的要因の変化は，花成を制御する情報伝達経路を経由し，各制御経路からの情報を統合する少数の遺伝子（**経路統合遺伝子**；pathway integrator）へと伝えられ，花成時期の決定がなさ

第 4 章 花成制御の分子メカニズム

れる（4.1.3 参照）。一般に花成を制御する外的要因として，日長（光周期），光の質，長期間の低温（春化），生育温度などが知られている。最近では，赤道に近く日長の季節変化が乏しい地域において，土壌の乾燥が花成時期の決定において重要な情報として利用されている例も報告されている。一方，内的要因としては，植物ホルモンであるジベレリンや，齢（aging）を反映して変動するマイクロ RNA などの関与が報告されている。

光周期（photoperiod）

光周期（日長の季節変動）に対して生物が示す反応を**光周性**（photoperiodism）という。光周性は，アメリカ人の**ガーナー**（W.W. Garner）と**アラード**（H.A. Allard）が，タバコの一品種であるメリーランドマンモスの花成を誘導するために試行錯誤した結果，1920 年に初めて発見した生物現象である。植物は，光周期に対する花成誘導反応の違いから，**長日植物**（long-day plant）と**短日植物**（short-day plant）に大別される。前者は，連続した暗期が一定時間（限界暗期）よりも短いときに花成が誘導され，後者は連続した暗期が限界暗期よりも長くなると花成が誘導される植物である。長日植物の例として，ホウレンソウ，シロガラシ，シロイヌナズナが良く知られている。一方，短日植物の代表例は，アサガオ，キク，シソ，イネなどである。短日植物を用いて行った**光中断**（night break）実験の結果から，多くの植物の場合，日長変化は連続した暗期の長さとして感知されていると考えられてきた。しかし最近の知見から，長日植物であるシロイヌナズナの場合は，明期の長さが日長変化を感知する上で重要であることが示されている（4.3.2 参照）。

花成に適した日長条件下の葉では，花成の鍵因子である植物ホルモン・**フロリゲン**（florigen）が産生される。後述するように，フロリゲンとは篩管を通って葉から茎頂メリステムへと運ばれた後に，強力に花成を促進する小さなタンパク質のことである（フロリゲンについては 4.3.3 ならびにコラム 4.1 を参照）。

光の質

光の質は，植物が自らの生育環境を感知する際に利用する重要な環境情報

コラム 4.1　光周性花成の発見

　光周性は，タバコの一品種であるメリーランドマンモスの花を咲かせるために様々な生育環境が試された中で見つかった生物現象である。メリーランドマンモスはその名のとおり大きな葉を付けるため，産業的に有用な品種として注目されていたが，野外では花を咲かせないという大きな問題を抱えていた。そこで，メリーランドマンモスの花を咲かせるために，ガラス温室で光の強さや栄養状態を変えるといった様々な試みが繰り返され，最終的には，夕方にタバコを納屋に入れることで花成が誘導されることが見いだされた。花が咲いたのは，植物を納屋に入れることによって人工的な短日条件がつくられ，短日性のメリーランドマンモスの花成誘導条件が成立したためである。それまで太陽光は光合成のエネルギー源としてしかとらえられていなかったが，光が環境情報として利用されていることが初めて明らかになったのである。現在では，動物においても光周期に制御された様々な生物現象が報告されているが，光周性花成はそのさきがけとなった現象である。

　光周性の発見を機に，日長変化に起因する花成の生理学が花開くことになる。光周性花成を理解する上で問題になったのが，ひとつながりのイベントである花成誘導過程と花成惹起過程の間に空間的なギャップが生じる点である。チャイラヒャンは，この点に注目した。葉で起こる現象と茎頂で起こる現象をつなぐ仮想的花成誘導物質の存在を提唱し，その物質に対してフロリゲンの名を冠したのである。フロリゲンは実体のない仮想的な存在であったが，その存在は多くの研究者によって信じられ，実体解明に向けての機運が大いに盛り上がっていった。当時，欧米における光周性花成研究には，日長に対して鋭敏な反応を示す植物が用いられた。オナモミ，シソ，キク，シロガラシなどがその代表例である。一方，日本においては，アサガオ・ムラサキ株（*Ipomoea nil* cv. Violet）が重用されていた。短日植物であるアサガオは，子葉を展開中の芽生えであっても花成誘導日長に対して強く反応する。こうしたアサガオの特性を活かし，日本の植物学者も花成研究における多くの重要知見を見いだし，この分野の発展に大きな貢献を果たしている。

の1つである．大きな植物の下にできる緑陰では，太陽光と比べて赤色光の割合が低下し，植物が受容する光の質が変化する．こうした光の質の変化を感知した植物は，自らの生育にとって現在の生育環境が不適であると判断し，後代種子を速やかに作出するために花を早く咲かせる．一般に，光の質の変化は光受容体の1つである**フィトクロム**（phytochrome）によって植物に感知され[※4-1]，一連の**避陰反応**[※4-2]（shade avoidance syndrome）が引き起こされる．植物の陰において花成が促進される現象も，こうした避陰反応の1つに数えられている．

　花成時期の決定においては赤色光だけでなく，青色光も重要な役割を担っている．シロイヌナズナでは，**クリプトクロム**（cryptochrome）や FLAVIN-BINDING, KELCH REPEAT, F BOX1（FKF1）などの青色光受容体が，花成制御因子の安定性や発現量制御に関与しており，青色光と花成が密接に関連していることが報告されている．

春化（vernalization）

　秋蒔きコムギ[※4-3]などの穀物で良く知られるように，冬の寒さに長期間さらされることによって花成が誘導される植物（春化要求性植物）が存在する．春化要求性植物は，主に秋に発芽して翌春に花を咲かせる長日植物である．こうした植物が芽生えた時期は未だ日長が十分に長く，日長に応答して花成が誘導されうる条件が整っている．したがって，発芽直後に花成するのを避

※4-1　光の質の変化とその感知：フィトクロムは，赤色光（660 nm 付近の波長域）を吸収する Pr 型と，遠赤色光（730 nm 付近の波長域）を吸収する Pfr 型の2つの構造をとり，光環境に応じて両構造の間で可逆的に変換される．緑陰環境の光は，太陽光が葉を透過する際に赤色光が減少するため，赤色光と遠赤色光の割合が太陽光とは異なる．赤色光に比べて遠赤色光が豊富な環境（緑陰）では，Pr 型フィトクロムの割合が上昇するために植物は光の質の変化を感知することができる．

※4-2　避陰反応：緑陰環境に入った植物が示す反応．花成の促進以外に，茎の伸長促進，葉身の展開の抑制，葉柄の伸長促進などが良く知られている．

※4-3　秋蒔きコムギ：秋に種子を蒔き，翌年の春から夏に収穫するコムギのこと．秋蒔きコムギは一定期間低温にあたらないと花成しない．一方，春蒔きコムギは，春に種子を蒔き，その年の夏から秋に収穫するコムギのことで，低温にさらされなくても花成する．

けるため，春化要求性植物は「秋から冬にかけて光周性応答を防ぐしくみ」を備えている。このしくみが冬の間に解除されていく現象を"**春化**"という。

近年，様々な植物種において春化応答機構の一端が明らかにされている。その結果，多くの植物に共通した春化応答の基本的な枠組みが存在することがわかってきた。その中心に位置づけられるのが，花成を促すフロリゲン遺伝子の転写を強力に抑制する花成抑制因子の存在である（図 4.1）。花成抑制因子は，秋には高いレベルで発現し，光周性応答を防いでいる。すなわち，フロリゲンの産生を抑制している。冬を迎え植物が長期間の低温にさらされると，花成抑制因子の転写量が徐々に低下し，フロリゲン遺伝子に対する抑制は次第に解除されていく。その結果，春になると花成誘導日長に植物は応答し，フロリゲンの産生を介した花成が誘導されることになる（図 4.1）。

春化応答機構の基本的な枠組みは植物種間で高い保存性が認められる。そ

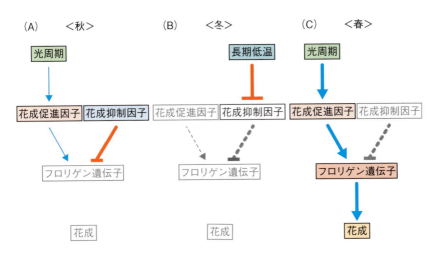

図 4.1 春化と光周期による花成時期決定のしくみ
（A）秋における春化応答経路と光周期経路の関係。（B）冬における春化応答経路と光周期経路の関係。（C）春における春化応答経路と光周期経路の関係。春化要求性植物では，花成抑制因子によるフロリゲン遺伝子の強力な転写抑制と光周期経路を介したフロリゲン遺伝子の転写活性化のバランスが季節に応じて変化する。矢印は花成促進を，T字バーは花成の抑制を示す。線の太さは影響力の大きさを示し，点線は，効果が解除されていることを示す。

れに対して，花成抑制因子として機能する転写因子の顔ぶれは，植物種ごとに実に多彩である。シロイヌナズナではMADSドメインをもつ転写因子 FLOWERING LOCUS C（FLC）が，コムギではzinc finger型転写因子VERNALIZATION2が，それぞれフロリゲンの産生を抑制する花成抑制因子として同定されている。*FLC*遺伝子の転写が冬の間に抑制されていくしくみには**エピジェネティック（epigenetic）**な制御機構[※4-4]が関与しており，春化は植物におけるエピジェネティックな現象の好例としても注目されている。

熱帯雨林の一斉開花現象を引き起こす乾燥

一年を通して季節変動が明瞭ではない東南アジア熱帯雨林では，多種多様な木本植物が，あるとき突然いっせいに花を咲かせ始める。この不思議な現象は「**一斉開花（mass flowering）**」と呼ばれ，多くの研究者がこの現象に関心を寄せてきた。一斉開花現象の最も興味深い点は，開花現象が生じる間隔が不定期な点である。一斉開花の間隔が1年以下の場合もあれば，7～8年にわたって一斉開花現象が報告されない場合も知られている。東南アジアのような季節変動が乏しい環境下で，一体どのような環境要因が一斉開花を引き起こしているのであろうか？　最近になり，樹木を用いた大規模遺伝子発現解析によって，雨量の低下，すなわち"乾燥"が一斉開花を引き起こす主要因である可能性が示された。謎に包まれた一斉開花のメカニズムの理解に向けた大きな進展である。

ジベレリン（gibberellin）

植物ホルモンが植物の発生に対して多大な影響を及ぼすことは良く知られている。しかし，花成制御に関してはフロリゲン以外の植物ホルモンの役割はあまり大きなものとはいえない。植物の中には，冬をロゼット葉でやり過

※4-4　エピジェネティックな制御機構：DNAのメチル化やヒストンの化学的修飾（メチル化，アセチル化，リン酸化など），非翻訳性RNAなどによって引き起こされる，DNA塩基配列の変化を伴わない遺伝子発現の変化全般をいう。シロイヌナズナでは，春化の前後で*FLC*遺伝子座周辺のヒストンメチル化状態が変化し，それに伴い*FLC*遺伝子の転写が抑制される。

ごし，春の到来（長日条件への変化）とともに花成を開始して花茎を伸長する生活環をもつグループが存在する．こうした植物の中には，ジベレリンの投与によって短日条件下であっても花成誘導と花茎伸長が可能なものがある．したがって，長日条件下で花成する一部のロゼット植物においては，ジベレリンが花成誘導に一定の役割を担っていると考えられている．

4.1.3 環境情報の統合

前述のように，花成時期を制御する環境要因は多種多様であるため，環境要因の変動を伝える制御経路が複数存在することになる．複数の制御経路からの情報を統合し，最終的に花成開始時期を決定する遺伝子が経路統合遺伝子である（図4.2）．シロイヌナズナでは，フロリゲンをコードする *FLOWERING LOCUS T*（*FT*）と *TWINSISTER OF FT*（*TSF*），MADSドメインをもつ転写因子をコードする *SUPPRESSOR OF*

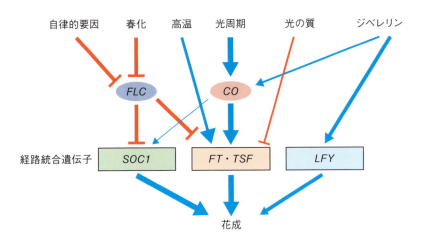

図4.2 シロイヌナズナの花成を制御する主要な環境情報
植物は様々な環境情報を受容し，その情報を経路統合遺伝子の転写量に反映させる．環境情報と経路統合遺伝子の転写をつなぐ鍵因子として *FLC* と *CO* は重要なはたらきをしている．十分に赤色光を含む自然光が花成を抑制するのに対して，緑陰では抑制が効果的でないため，早咲きになる（p.62）．矢印は花成の促進を，T字バーは花成の抑制を，線の太さは影響力の大きさをそれぞれ示す．

OVEREXPRESSION OF CO1（*SOC1*），植物固有の転写因子をコードする *LEAFY*（*LFY*）が経路統合遺伝子としてはたらき，それぞれが複数の制御経路からの情報を多重かつ冗長に受け取り，花成時期の決定につなげている（図 4.2）。この図からは，多数の環境情報が少数の経路統合遺伝子に集約される過程は決して単純なものではなく，いくつかのマスター制御因子の機能によって，簡単には花成現象は説明できないことがうかがえる。

複数の経路を経由した環境からの情報は，転写調節因子間の相互作用によって経路統合遺伝子の転写量へと反映される。最も理解の進んでいるシロイヌナズナの *FT* 遺伝子の場合を例にとると，春化応答に関わる転写抑制因子 FLC，長日条件下で活性化にはたらく CONSTANS（CO）をはじめ，TARGET OF EAT1（TOE1），TOE2，TEMPRANILLO1（TEM1），TEM2 など，独立の花成制御経路の複数の転写調節因子が *FT* の転写制御領域（シロイヌナズナにしては長大な約 11 kb もの制御領域）に結合する。このことは，多様な環境情報が *FT* 転写調節因子へと伝えられ，*FT* の転写制御領域における転写調節因子間の相互作用によって，各経路間のクロストークが達成されることを示している。こうしたしくみで決定される *FT* の転写量は，植物が感知した環境情報の総体を反映し，特定の環境における最適な花成時期の決定へとつながることになる。

4.2 光周性花成とフロリゲン

1920 年のガーナーとアラードによる光周性花成の発見以降，花成生理学は大きく発展し，現在の光周性花成研究の土台をなす多くの重要知見がもたらされてきた。当時から，日長の変化を感知し花成誘導物質を産生するまでの過程（**花成誘導**; floral induction）と，茎頂で起こるメリステムのアイデンティティーの転換による花器官の分化過程（**花成惹起**; floral evocation）は明確に区別されており（図 4.3），花成誘導過程においては生物時計や光受容体が重要なはたらきをしていることが示唆されていた。また，花成誘導が葉で起こるのに対して花成惹起はメリステムでのイベントである（第 5 章

4.2 光周性花成とフロリゲン

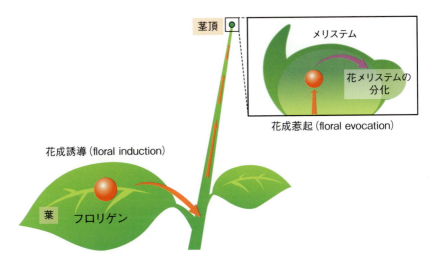

図 4.3　フロリゲンを介した光周性花成現象
光周性花成は，葉で起こる花成誘導と茎頂で起こる花成惹起の2つの素過程ならびに両者をつなぐ長距離性の花成誘導物質であるフロリゲンによって制御されている。

参照)．これらを背景として，両者を結び付ける長距離移動可能な花成誘導物質の存在が1937年に**チャイラヒャン**（M.CH. Chailakhyan）によって提唱された．この仮想的な物質に付された名前が花成ホルモン・フロリゲンである（図4.3）．フロリゲンは，接木実験を含む多くの実験から，

1. 適当な日長条件下に置かれた葉で産生される
2. 篩管を通って茎頂へと運ばれる
3. 茎頂で花メリステムの分化を引き起こす
4. 接木面を介して伝達可能である
5. 様々な植物種で保存されている

といった性質をもつ，光周性花成における最重要な鍵因子として想定された．しかし，その存在が予見されてから約70年にわたって物質的な同定がされなかったため，長らく「幻のホルモン」として取り扱われてきた．
　現在では，次節で述べるシロイヌナズナを用いた分子遺伝学的研究の進展

第 4 章 花成制御の分子メカニズム

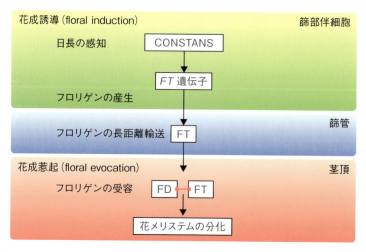

図 4.4　シロイヌナズナの光周性花成現象における鍵因子
CONSTANS は花成誘導，FD は花成惹起過程において中心的な役割を担う鍵因子である。FT は花成誘導と花成惹起とをつなぐフロリゲンの実体である。

によって，花成誘導過程においては CO，花成惹起過程においては FD，そしてフロリゲンの実体として FT ならびにそのパラログである TSF が，それぞれ不可欠な役割を果たしていることが明らかにされている（図 4.4）。こうした鍵因子の光周性花成における関与は多くの植物種においても報告されており，花成生理学の時代から予想された種を越えて保存性の高いしくみであることが良くわかる。

4.3　シロイヌナズナにおける光周性花成の分子機構

　20 世紀半ばに精力的に行われた生理学的アプローチや生化学的アプローチは，残念なことにフロリゲンの物質的同定に直接結びつくことはなかった。こうした停滞状況の光周性花成研究に大きな転機をもたらしたのが，1990 年代に始まるシロイヌナズナとイネを用いた分子遺伝学的アプローチである。本節では，まずシロイヌナズナから得られた光周性花成における分子遺伝学的な知見を紹介する。

4.3.1 シロイヌナズナにおける花成遅延変異体

それまで光周性応答が鋭敏な植物を利用して発展してきた花成研究であるが（コラム 4.1 参照），1990 年代以降，日長の変化にはそれほど敏感に応答しないものの分子遺伝学に適した長日植物シロイヌナズナを利用することによって，花成制御機構の分子的理解は飛躍的に進むことになる。分子遺伝学的研究の勃興期には，人為的な変異原処理によって様々な花成表現型を示す突然変異体が選抜され，その後の一連の解析によって花成制御の鍵因子ならびに，多くの花成制御経路の実体が明らかにされてきた。

一部の突然変異体群（代表例として *fca*, *fpa*, *fve*, *fy* などが知られている）は，日長条件の如何によらず野生型よりも遅咲きの表現型を示した（図 4.5B）。そのため，これらの変異体では，植物がもつ，日長に依存しない花成制御のしくみ（**自律的制御経路**; autonomous pathway）に何らかの異常が生じている可能性が考えられた。現在では分子的理解が進み，自律的制御経路で機能する花成因子群は，強力な花成抑制因子である *FLC* 遺伝子の発現量をコントロールすることによって，花成時期を適切に調節していることが明らかにされている。すでに述べたように，FLC は春化応答経路の主要な制御因子でもある（4.1.2 参照）。つまり，春化応答経路，自律的制御経路の両経路は，共通の鍵因子 *FLC* を制御標的にしていることになる（図 4.2）。

一方，光周性花成の観点から興味がもたれた花成遅延変異体は，*co*, *fd*, *ft* をはじめとする一群である（図 4.5C）。これらの変異体は，シロイヌナズナの花成誘導条件である長日条件下において野生型に比べて遅咲きの表現型を示す。一方で，短日条件下では花成表現型を示さない。したがって，長日条件による花成促進機能，すなわちフロリゲンを介した花成誘導過程に異常をきたしていることが推定され，謎であったフロリゲンの分子的理解につながることが大いに期待されたのである。

4.3.2 シロイヌナズナにおける日長変化感知のしくみ

自然環境下では不規則で予測困難な温度変化に比べ，一年を通して規則的に推移する日長の変化は，季節変動を判別する上で優れた環境情報源である。

第4章 花成制御の分子メカニズム

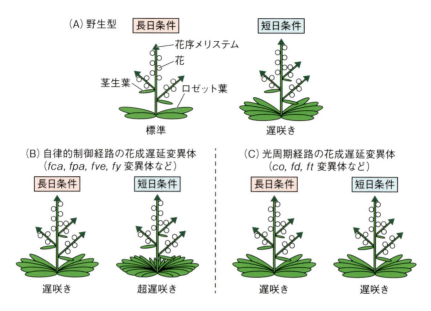

図 4.5　シロイヌナズナの花成遅延変異体
シロイヌナズナでは，花成表現型の指標として葉数（ロゼット葉と茎生葉の数を足し合わせたもの）を用いる。野生型と変異体が同じ速さで葉を形成する場合，葉数が栄養成長期間の長さを反映するためである。(A) 長日植物であるシロイヌナズナは短日条件下では長日条件下に比べて遅咲き（葉を多く付けること）になる。(B) 自律的制御経路の変異体は，長日条件下で野生型よりも遅咲きになるだけでなく，短日条件下においても野生型より遅く咲く。(C) 光周期経路の変異体は，長日条件下では野生型よりも遅咲きの表現型を示すが，短日条件下では野生型との間で葉数に差は認められない（花成表現型を示さない）。

シロイヌナズナの日長感知においては，CO が中心的な役割を果たしている。これまでの生理学的解析から，日長応答性には概日リズムと光シグナルの相互作用が重要であることが知られている。つまり，内在的なリズムと外部の光環境との照合によって植物は日長の変化を感じとっているのである。本項では，シロイヌナズナが CO 機能を介して日長を感知する巧妙なしくみを紹介する。

光周性花成における CO の機能

B ボックス型 zinc finger タンパク質である CO タンパク質は，葉の維管

束篩部で発現し，フロリゲン遺伝子である *FT* 遺伝子の転写活性化に関与する。短日条件下では *co* 変異体の花成遅延表現型が観察されないことから，*CO* 機能は長日条件での花成促進においてのみ必要とされる。*CO* 遺伝子の機能が失われると，長日条件下であっても *FT* 遺伝子の転写は活性化されず，短日条件下の野生型植物と同様の遅咲き表現型が観察される。一方，*CO* 過剰発現体では，維管束篩部における *FT* の過剰発現が誘導され，早咲き表現型が観察される（図4.6）。*CO* 過剰発現体に *ft* 変異を導入した結果，早咲き表現型は強く抑圧されることから，*CO* による花成促進が *FT* 機能を介したものであることが遺伝学的に示されている（図4.6）。以上のことから，長日条件下でフロリゲンを誘導する際に，COが鍵となる役目を担っていることは明らかである。では，具体的にCOはどのように日長変化の感知に関わっているのであろうか？

シロイヌナズナが長日条件を感知するしくみを理解するためには，*CO* mRNA の発現リズムの形成機構と光シグナルによるCOタンパク質の安定化制御機構を知る必要がある。

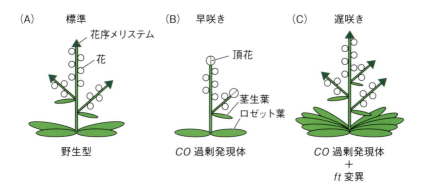

図 4.6 *CO* 過剰発現に対する *ft* 変異の抑圧効果
（A）シロイヌナズナ野生型の花成表現型。（B）*CO* 過剰発現体の花成表現型。（C）*ft* 変異背景における *CO* 過剰発現体の花成表現型。*CO* 過剰発現体は野生型に比べて早咲きの表現型を示し，茎頂部に頂花を形成する。この早咲き表現型は，*ft* 変異によって緩和（抑圧）される。頂花は，花序メリステムが花メリステムへと転換することによって生じる花。

第 4 章　花成制御の分子メカニズム

CO mRNA の日周変動

　CO mRNA の量は，長日・短日両条件下において明確な日周変動を示す（図4.7A）。この *CO* mRNA の日周変動は，概日リズムの支配下ではたらく多くの転写活性化因子と転写抑制因子の間の相互作用によって生み出されている。*CO* mRNA は明期の開始とともに徐々に誘導され長日条件の日中に発現が高くなる（図 4.7A 中の＊印）。日中から夕方にかけての *CO* 転写量の増加にとくに重要なはたらきをしているのは，ともに日中に発現のピークをもつ GIGANTEA（GI）と FKF1 である。GI は核タンパク質，そして FKF1

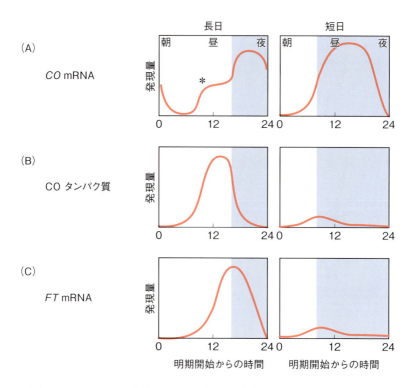

図 4.7　シロイヌナズナにおける日長感知の分子的しくみ
（A）*CO* mRNA の日周変動パターン。(B) CO タンパク質の日周変動パターン。(C) *FT* mRNA の日周変動パターン。＊で示した *CO* mRNA の高い発現が CO タンパク質の蓄積量の増加を生み，最終的に *FT* mRNA の発現誘導を引き起こす。

4.3 シロイヌナズナにおける光周性花成の分子機構

は青色光受容体をもつユビキチンリガーゼとしてはたらく。明期の開始直後は，*CO* の転写制御領域に転写抑制因子 CYCLING DOF FACTOR 1（CDF1）が結合し，*CO* 遺伝子の転写を抑制している（図 4.8）。明期が一定以上長くなると（シロイヌナズナにとっての長日条件になると），日中に発現のピークをもつ GI と FKF1 が複合体を形成し，*CO* 遺伝子の転写制御領域に結合している転写抑制因子 CDF1 をユビキチン化する。これにより，CDF1 タンパク質は選択的に分解される（図 4.8）。この結果，*CO* 遺伝子は脱抑制され，*CO* の転写が活性化することになる。

一方，短日条件下では，GI と FKF1 の位相のズレによって両者の発現ピー

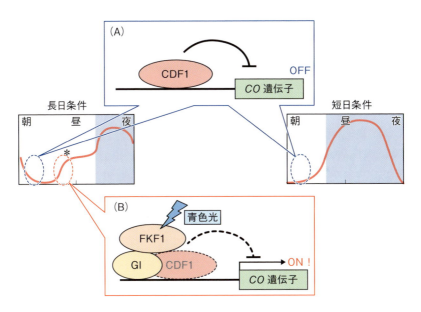

図 4.8 長日条件下における *CO* 遺伝子の転写誘導
（A）CDF1 による *CO* 遺伝子の転写抑制。（B）GI と FKF1 による CDF1 分解を介した *CO* 遺伝子の転写誘導。CDF1 の発現が高い午前中は *CO* プロモーターに CDF1 が結合し，*CO* 遺伝子の転写は強く抑制されている。長日条件下では日中に GI と FKF1 の位相が一致するために GI-FKF1 複合体が形成され，青色光依存的に CDF1 に結合する。FKF1 は CDF1 をユビキチン化することで分解し，CDF1 による *CO* 遺伝子の転写抑制を解除する。短日条件下の日中には GI と FKF1 の位相が一致しないために GI-FKF1 複合体はつくられず，CDF1 の分解は起こらない。

クが重ならないため，長日条件下のように明期の間に CDF1 の分解（*CO* の脱抑制）は生じない。そのため，日中に *CO* mRNA は十分に誘導されないことになる。これが，*CO* mRNA の高発現が長日条件の日中から夕方にのみつくりだされるしくみである。

CO タンパク質の日周変動

CO タンパク質の蓄積の日周変動を見てみると，*CO* mRNA の発現パターンとの間には大きな違いが観察される（図 4.7B）。この違いは，CO タンパク質の安定性が光による制御を受けているために生じる。CO タンパク質は暗期，そして明期開始後すぐのタイミングでは積極的に分解され，この過程にはフィトクロム B を介した赤色光シグナルとプロテオソーム分解系が関わっている。一方で，*FT* mRNA のピークが観察される長日条件の午後から夕方にかけては，クリプトクロム（青色光受容体）やフィトクロム A（遠赤色光受容体）を介した光シグナルが関与する。青色光と遠赤色光による制御経路によって CO タンパク質の分解は抑制され，この時間帯においては，CO タンパク質は，より安定に存在することが可能となる。

CO を介した日長感知のしくみ

概日リズムの制御に依存した *CO* mRNA の日周変動のパターン形成（日中から夕方にかけて転写量が増加する）と，それを増強する光シグナルによる CO タンパク質の安定化制御機構が組み合わされることによって，長日条件下では夕方に CO タンパク質量の極大が生み出される（図 4.7B）。この夕方の CO タンパク質の蓄積が反映された結果が，*FT* mRNA の特徴的な発現誘導である（図 4.7C）。日長の変化に応じて CO タンパク質による直接的な *FT* 遺伝子の転写調節が行われるしくみは，「**CO-FT モジュール**」と呼ばれ，シロイヌナズナのみならず，イネをはじめとする多くの植物種で保存されている。

概日リズム（内在的なリズムによる *CO* mRNA の転写）と外部の光環境（CO タンパク質の安定化制御を決める光シグナル）のタイミングが一致したときに初めて CO タンパク質によって *FT* mRNA の発現が誘導される現象は，古くから**ビュニング**（E. Bünning）によって提唱されてきた日長測定

における**外的符合モデル**（external coincidence model）※4-5 と良く合致する。また，短日植物の日長感知では，光中断実験によって連続的な暗期が重要であることが示されてきたが，シロイヌナズナの一連の実験結果は，長日植物の場合は明期が重要であることを明確に示している。

4.3.3 フロリゲンの分子的実体

日長の変化に応じて葉でつくられる花成ホルモン・フロリゲンの分子的実体は，多くの花成制御因子の同定が進んだ 2000 年代に入っても依然として不明であった。その理由の 1 つが，フロリゲンの産生領域と機能領域に空間的な隔たりがあるため，こうした細胞非自律的な機能を実験的に証明することが困難だったためである。フロリゲンの物質的同定の決め手となったのは，2005 年に報告された，頂端メリステムではたらく花成因子 FD の同定と，FT タンパク質の頂端メリステムにおける機能の発見である。

FT の機能的パートナーである花成制御因子 FD

fd 変異体は長日条件特異的な花成遅延表現型を示すだけでなく，*FT* 過剰発現体の表現型に対して強い抑圧効果を示す（図 4.9）。つまり，*fd* 変異背景では，*FT* を過剰発現しても極端な早咲きが観察されなくなる。このことは，FT による花成促進のためには FD 機能が必要であることを示しており，FD が FT の機能的パートナーとしてはたらく可能性を遺伝学的に示唆している。実際に，bZIP 型転写調節因子である FD タンパク質が FT タンパク質と核内において複合体を形成することは，可視化技術によって明確に示されている。FD-FT 複合体は，別の転写調節因子である LFY ととも

※ 4-5　外的符合モデル：日長を測定するしくみを説明するモデルの 1 つ。内在性の概日リズムによって決まる光感受相（光シグナルを受容可能な時間）と外部環境の光シグナルが一致したときに何らかの光周性シグナルが誘導されるモデル。外的符合モデルでは，光は概日リズムの同調と外部環境からのシグナルの 2 つの作用をもつ。一方，**内的符合モデル**（internal coincidence model）は，異なる位相をもった複数の概日リズムが，日長変化によって位相関係を変化させた結果，ある位相関係のときにだけ光周性シグナルが誘導されるモデルのことである。

第4章 花成制御の分子メカニズム

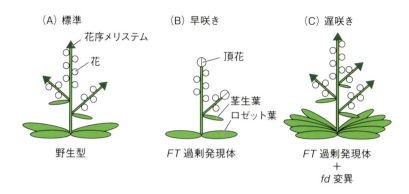

図4.9　*FT*過剰発現に対する*fd*変異の抑圧効果
（A）シロイヌナズナ野生型の花成表現型。（B）*FT*過剰発現体の花成表現型。（C）*fd*変異背景における*FT*過剰発現体の花成表現型。*FT*過剰発現体は野生型に比べて早咲きの表現型を示し，茎頂部に頂花を形成する。この早咲き表現型は，*fd*変異によって緩和される。

に，花メリステムのアイデンティティーを決める*APETALA1*（*AP1*）遺伝子や*FRUITFULL*（*FUL*）遺伝子などの下流の標的遺伝子の転写を直接活性化し，メリステムのアイデンティティー転換を引き起こす（第6章も参照）。FDによる標的遺伝子の転写誘導には*FT*機能が必要である（*ft*変異背景では*FD*過剰発現による下流遺伝子の転写誘導は観察されない）ことから，*FT*と*FD*の両者は遺伝学的には相互依存的な関係にある。この相互依存的な関係性の分子的基盤となっているのは，FTとFDが同所的に存在し，両者を含む転写複合体が形成されるためである。

細胞非自律的な*FT*機能

*FD*遺伝子は茎頂メリステムにおいて発現するのに対して，*FT*遺伝子は葉の**篩部伴細胞**（phloem companion cell）で転写され，タンパク質へと翻訳される。*AP1*遺伝子の転写調節領域にFTタンパク質が直接結合していることから，FTタンパク質は葉から茎頂メリステムへと長距離移動する必要がある。そのことを裏付ける結果として，葉の篩部組織で*FT*を発現した場合に加えて，茎頂メリステムにおいて*FT*を発現させた場合にも，*ft*変異体の花成遅延表現型を相補することが報告されている。このことは，*FT*が

本来発現している葉の篩部伴細胞だけでなく，茎頂メリステムにおいても機能していることを示唆している．すなわち，FT タンパク質がフロリゲンの分子的実体であり，機能的パートナーである FD は茎頂においてフロリゲンを受容し，花成惹起過程の鍵因子として重要な役目を担っていることになる．

フロリゲンの輸送形態

FT タンパク質がフロリゲンの実体であることは 2005 年の発見によって明確に示された．一方で，篩管の中を移動する輸送形態が mRNA であるのかタンパク質であるのかについては論争があり，結論が出るまでに一定の時間を必要とした．

2007 年にシロイヌナズナの FT と蛍光タンパク質の融合タンパク質を維管束篩部で発現させたところ，転写・翻訳領域である維管束篩部だけでなく，茎頂メリステム周辺の細胞でも蛍光が観察されることが報告された．同時にイネの FT オーソログである HEADING DATE3a（HD3a）タンパク質についても同様の報告がなされた．また，人工 miRNA の利用によってシロイヌナズナ茎頂で FT mRNA を分解しても花成が促進されること，同義置換を大量に導入した変異型 FT 遺伝子が依然として花成促進能を保持していることなどが示されるとともに，FT タンパク質の接木伝達性もシロイヌナズナの胚軸接木法によって確認された．こうした，多くのグループによって示された一連の結果を総合し，現在では，FT mRNA ではなく FT タンパク質がフロリゲンの輸送形態であることが強く支持されている．

FT タンパク質が属する PEBP ファミリー

FT タンパク質は，約 20 kDa の水溶性タンパク質である．生化学的な解析によってホスファチジルエタノールアミンと結合することが示されていることから，一連のタンパク質は phosphatidylethanolamine binding protein (PEBP) ファミリーと呼ばれている．多くの植物は，複数種類の PEBP をもっており，それぞれ保存された配列から FT，TERMINAL FLOWER1 (TFL1)，MOTHER OF FT AND TFL1 の各サブファミリーに大別される．基本的にフロリゲンとして機能するのは FT サブファミリーに属するものだけであり，シロイヌナズナでは FT とそのパラログである TSF がそれにあたる．

TFL1 は FT とは逆に花成を抑制する因子としてはたらくことが知られている。興味深いことに，TFL1 タンパク質も FD タンパク質と複合体を形成し，*AP1* 遺伝子の転写制御領域に結合する可能性が示されている（第 6 章も参照）。TFL1 は FT に相反して花成を抑制する機能をもつことから，FD との複合体形成を FT と TFL1 が競合するモデルが提唱されており，茎頂部における FT と TFL1 のバランスが花成時期の決定において重要なはたらきをもつ可能性が示されている。

4.4　イネにおける光周性花成の分子機構

シロイヌナズナが長日植物のモデル植物であるのに対して，イネは短日植物のモデル植物として花成制御の分子的理解に大きく貢献している。また，イネにおける花成研究は，単に基礎研究の進展をもたらすだけでなく，育種における地域・環境適応品種の育成という，作物ならではの社会的貢献にも関与している。

4.4.1　イネのフロリゲン

光周性花成におけるイネの制御機構に関しては，花成誘導における「CO-FT モジュール」，花成惹起における FD 機能など，シロイヌナズナの花成制御との間に多くの共通点が認められる。日長の感知において概日リズムと光シグナルの照合が重要である点も良く似ている。イネの *HEADING DATE1*（*HD1*）と *HD3a* は，それぞれ，シロイヌナズナの *CO* と *FT* とのオーソログであり，品種間の雑種後代を解析することによって，花成時期の品種間差を決定する**量的形質遺伝子座**（quantitative trait loci; QTL）の 1 つとして同定されてきた。

イネのフロリゲンに関しては，2011 年に HD3a と OsFD1 による複合体形成には 14-3-3 タンパク質が必要であることが示され，HD3a, 14-3-3, OsFD1 それぞれ 2 分子からなるヘテロ六量体の立体構造が報告されている。葉から茎頂に運ばれた HD3a は細胞質において HD3a–14-3-3 複合体を形成

し，この複合体が核内へと移行したのちに OsFD1 と相互作用するモデルが示されている。フロリゲンを含む転写複合体は，メリステムのアイデンティティー決定に関わると考えられている *OsMADS15* 遺伝子（シロイヌナズナの *AP1* や *FUL* 遺伝子と同じサブファミリーに属する）の転写を活性化することによって花成を促すことが示唆されている。

4.4.2 光周性花成におけるイネとシロイヌナズナの違い

イネとシロイヌナズナにおける光周性花成制御の大きな相違点として，以下の2つの点があげられる。

1つ目は，イネでは HD1 タンパク質が明期に *HD3a* 遺伝子の発現を抑制している点である。前述のように，長日植物のシロイヌナズナでは CO の転写産物が明期に誘導され，CO タンパク質が光シグナルによって安定化することで明期の終わりに *FT* 遺伝子の転写が活性化される（図 4.10A）。それに対して，短日植物イネの場合は，CO オーソログである *HD1* の転写はシロイヌナズナ同様長日条件下の昼間に活性化され，その結果生じた HD1 タンパク質は，イネのフロリゲン遺伝子である *HD3a* 遺伝子の転写に対して抑制的にはたらく（図 4.10B）。逆に，HD1 タンパク質は暗期には *HD3a* の転写活性化にはたらくため，短日条件下では HD1 による活性化によって *HD3a* mRNA の蓄積は明け方にピークを迎えることになる。イネの花成誘導条件である短日条件下では，長日条件下よりも長い暗期の間に *HD3a* の転写がより多く誘導されるため，茎頂メリステムへと運ばれた HD3a タンパク質が OsFD1 とともにはたらき，花成を促進すると考えられる。この HD1 タンパク質の明暗に依存した機能的二面性が，イネの花成制御機構の特徴の1つである。

短日植物では，連続した暗期が光によって中断されると，花成が誘導されなくなる現象（光中断）が良く知られている。イネの場合，暗期の *HD3a* の転写活性化が光による暗期の中断によってキャンセルされるため，花成は誘導されなくなる。また，イネの光中断にはフィトクロム B を介した光シグナルが重要であることも報告されている。

第4章　花成制御の分子メカニズム

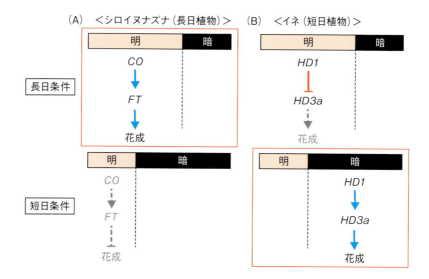

図 4.10　イネとシロイヌナズナの日長応答性の違い
（A）シロイヌナズナの日長に応じた花成制御のしくみ。（B）イネの日長に応じた花成制御のしくみ。矢印は促進を，T字バーは抑制をそれぞれ示す。

2つ目の相違点は，*GRAIN NUMBER, PLANT HEIGHT AND HEADING DATE7*（*GHD7*）/*LATE HEADING DATE4*（*LHD4*），*EARLY HEADING DATE1*（*EHD1*）のように，シロイヌナズナにはオーソログが存在しない遺伝子がイネの光周性花成において重要な役割を担っている点である。*GHD7/LHD4* は上述の HD1 の二面的な機能（明期には *HD3a* の抑制にはたらき，暗期には *HD3a* の活性化にはたらく）を発揮する上で重要な役割を担っている。GHD7/LHD4 は CCT ドメインをもつタンパク質であるが，シロイヌナズナのゲノム上にはオーソログは存在しない。また，GARP ドメインと呼ばれる DNA 結合領域をもつ二成分系因子をコードする *EHD1* も，イネにおいて独自に単離された花成遺伝子である。EHD1 は短日条件下において *HD3a* の発現を誘導し花成を促進するはたらきをもつが，この花成促進には HD1 機能は必要ないことが示されている。つまり，多くの植物種において良く保存されている「CO-FT モジュール」を介した

光周性花成制御のしくみに加え，イネは独自の光周性応答経路をもつように進化してきたことが理解できる．

4.4.3 栽培イネの光周性

最後に，野外で生育する栽培イネの光周性応答について言及する．イネは，日本のみならず世界中で主要な作物として商業栽培されている．栽培イネの起源は熱帯地域にもかかわらず，栽培域は徐々に拡大し，現在では北海道を含む高緯度地域にまで栽培域を広げている．興味深いのは，われわれが日本で良く目にする栽培品種の多くが，本来短日植物であるにもかかわらず長日条件下においても花成する点である．このことは，イネの品種改良の歴史において，日長感受性を失った形質が選抜されてきたことを物語っている．実際に，水田で生育するイネの遺伝子発現を全生育期間にわたって網羅的に解析した結果と気象データを比較したところ，圃場で生育する栽培イネの遺伝子発現制御には，光周期よりも生育温度がより重要であることが示されている．今後，実験室内でのイネにおける花成制御の分子理解の深化と野外データの検証がなされることによって，実験室環境下では気づかない，イネの分子育種における新たな展望が開けることが期待される．

第5章　花器官アイデンティティーの決定

　前章で述べた花成誘導により，茎頂メリステムは花序メリステムへと転換する。花序メリステムは花メリステム[※5-1]を産生し，花メリステムからは雄蕊や心皮などの花器官が分化する。発生イベントとは順序が逆になるところもあるが，花序や花メリステムの性質や転換の制御については次章で述べることにし，本章では，花器官の分化を制御する分子機構について解説する。第3章で述べたように，メリステムでは幹細胞から供給された細胞が，いろいろな遺伝子の作用によりその運命が決定され，側生器官へと分化する。花の発生で有名な ABC モデルは，花メリステムにおいてこの細胞の運命決定に関わる遺伝子のはたらきを簡明に説明するものである。

5.1　ABC モデル

5.1.1　花のホメオティック突然変異体

　一般的な被子植物の花は，**がく片**（sepal），**花弁**（petal），**雄蕊**（stamen），**雌蕊**（gynoecium; **心皮** carpel）[※5-2]から構成される。

※5-1　花メリステム：花メリステムの分化パターンは植物種によって異なっており，シロイヌナズナのように花序メリステムから直接花メリステムが分化する場合と，イネなどのように，ブランチメリステムのような別のタイプのメリステムを経由して間接的に分化する場合がある。

※5-2　雌蕊（心皮）：雌蕊は様々な組織からなる複合器官である（7.2.1 参照）。雌蕊が形成される場合には，花メリステムにおいてまず心皮原基へと分化する細胞の運命が決定され，その後 数個の心皮原基をもとに様々な組織が分化する。器官アイデンティティーを論じる場合は，心皮という用語を用いる。5.1.3 で述べるように，花器官は葉が変形したものであるが，心皮原基1個が葉1枚に相当する。

5.1 ABC モデル

ABC モデル（ABC model）は，シロイヌナズナやキンギョソウの花の**ホメオティック突然変異体**（homeotic mutant）（図 5.1）を用いた遺伝学的研究から提案された。ホメオティック突然変異体とは，ある器官が他の器官へと置き換わる変異体のことである。例えば，シロイヌナズナの *apetala3*（*ap3*）や *pistillata*（*pi*），キンギョソウの *deficiens*（*def*）や *globosa*（*glo*）などの変異体では，花弁ががく片へ，雄蕊が心皮へと置き換わっている。また，シロイヌナズナの *agamous*（*ag*）やキンギョソウの *plena*（*ple*）変異体では，雄蕊が花弁に変化し，雌蕊の代わりに，がく片－花弁－花弁からなる**二次花**（secondary flower），三次花（tertiary flower）が形成される。

これらのホメオティック突然変異体の解析から，花の器官**アイデンティティー**（identity）を決定する遺伝子は，A，B，C の 3 つのクラスに分類された（表 5.1）。例えば，*ap3* などはクラス B 遺伝子を，*ag* などはクラス C 遺伝子の機能を，それぞれ失った変異体である。このように，類似した機能をもつ遺伝子がシロイヌナズナとキンギョソウで共通していることから，真正双子葉植物の間には，花の器官決定に共通するメカニズムが存在すると考えられるようになった。

5.1.2　ABC モデル

ABC モデルでは，器官が形成される「場」と形成される「器官」とを分けて考える。多くの被子植物では，花器官は輪生様に発生する。したがって，この花器官が形成される場は同心円状に配置しており，**ウォール**（whorl）

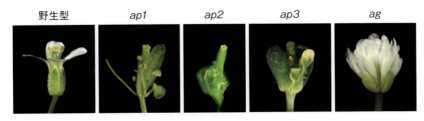

図 5.1　シロイヌナズナの花のホメオティック突然変異体
（写真提供：山口暢俊）

第5章 花器官アイデンティティーの決定

表5.1 シロイヌナズナとキンギョウソウの花のホメオティック遺伝子

	シロイヌナズナ	キンギョウソウ
クラスA	APETALA1 (AP1)	FLORICAULA (FLO)
	APETALA2 (AP2)	＊
クラスB	APETALA3 (AP3)	DEFICIENS (DEF)
	PISTILLATA (PI)	GLOBOSA (GLO)
クラスC	AGAMOUS (AG)	PLENA (PLE)

＊ キンギョウソウにおいては，AP2 のオーソログとして LIPLESS1 (LIP1) と LIP2 の2つの遺伝子が存在する。しかしながら，lip1 lip2 二重変異体においても，ガク片や花弁のホメオティックな変化は起こらない。すなわち，キンギョウソウの LIP1 と LIP2 は，これらの花器官のアイデンティティーの決定やクラスC遺伝子の抑制という機能はもっていない。

と呼ばれている（図5.2）。

ABCモデルは，次の3つのルールからなる。

ルール1：クラスA遺伝子はがく片の，クラスAとクラスB遺伝子は花弁の，クラスBとクラスC遺伝子は雄蕊の，クラスC遺伝子は心皮のアイデンティティーを決定する。

野生型の場合，図5.2に示すように，ABCの各遺伝子は隣り合う2つのウォールで発現し，ウォール1からウォール4において，それぞれ，がく片，花弁，雄蕊，心皮の分化を決定する．

ルール2：クラスA遺伝子とクラスC遺伝子は互いの発現を抑制し合う。

野生型では，クラスA遺伝子はウォール1と2で発現し，クラスC遺伝子がここで発現するのを抑制する。逆に，クラスC遺伝子はウォール3と4に限定して発現し，この領域でのクラスA遺伝子の発現を抑制する。この**拮抗作用**（antagonistic interaction）により，クラスAとクラスC遺伝子が重複した領域で発現することはない。

ルール3：クラスC遺伝子は，花メリステム（花分裂組織）の**有限性**（determinacy）を制御する。

5.1 ABCモデル

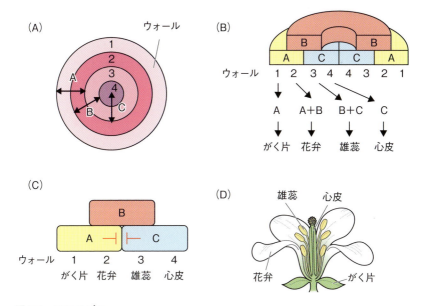

図5.2 ABCモデル
（A）花器官が形成される同心円状の場（ウォール）。ABCの各遺伝子は，隣り合う2つのウォールで機能する。（B）ABCの各遺伝子が発現する領域とそれぞれの遺伝子の組み合わせにより形成される花器官。（C）ABCモデルの簡略図。野生型において，ABC遺伝子の機能するウォールと，その組み合わせにより形成される花器官。クラスAとクラスC遺伝子はそれぞれ互いに負に制御し合う(赤のT字バー)。（D）シロイヌナズナの花。

花メリステムの有限性

第3章で述べたように，メリステムの中央領域上部には幹細胞が存在し，自己複製するとともに，周辺領域に器官を分化するための細胞を供給している。茎頂メリステムでは常にこの幹細胞が維持されているため，葉や茎をつくり続けることができる。シロイヌナズナでは，クラスC遺伝子 *AG* は，幹細胞アイデンティティーを促進する *WUS* 遺伝子（3.2参照）の発現を抑制するはたらきをもっている。したがって，花メリステムでは，クラスC遺伝子により，心皮アイデンティティーが決定されると同時に，幹細胞は自己複製を停止し消失してしまう。これがメリステムの有限性である。クラスC遺伝子による後者のはたらきは忘れられがちであり，高校の教科書のみな

第5章 花器官アイデンティティーの決定

らず，初歩的な大学の教科書でも，正しく記載されていないものがよく見られる。なお，シロイヌナズナにおけるクラス C 遺伝子 *AG* による有限性の制御については，第 6 章で詳しく述べる（6.3）。

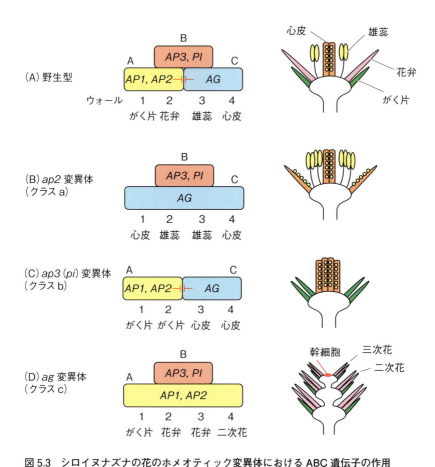

図 5.3 シロイヌナズナの花のホメオティック変異体における ABC 遺伝子の作用
（A）野生型。（B）*ap2* 変異体。*AP2* による抑制作用がなくなるため，*AG* がすべてのウォールで発現する。（C）*ap3* または *pi* 変異体。（D）*ag* 変異体。*AG* による抑制作用がなくなるため，*AP1* がすべてのウォールで発現する。また，幹細胞が残存するため二次花，三次花が形成される。赤の T 字バーは，拮抗作用を示す。

5.1.3 ABCモデルから見た突然変異体

ABCモデルに基づいて考えると，各ホメオティック突然変異体の表現型が良く説明できる（図5.3）。クラスb変異体の場合，ウォール2ではクラスA遺伝子のみとなるのでがく片が，ウォール3ではクラスC遺伝子のみとなるので心皮が形成されることになる。クラスc変異体では，クラスC遺伝子の抑制作用がなくなるので，クラスA遺伝子がウォール3とウォール4でも発現するようになる。したがって，ウォール3では，クラスBとクラスAの組み合わせになるので，雄蕊の代わりに花弁が形成される。ウォール4では有限性が損なわれた結果，幹細胞が残る。そのため，また，がく片－花弁－花弁からなる二次花が形成され，これが次々と繰り返されることになる。

A，B，Cの3つのクラスの遺伝子がすべて機能を失ったabc三重変異体では，すべての花器官が葉のような器官に置き換わってしまう。このことは，花の各器官は，葉を基準状態として，そこに花のホメオティック遺伝子をつけ加えていくことにより，そのアイデンティティーが獲得されたものであると考えることができる。

コラム5.1　ABCモデルとゲーテ

A，B，Cの3つの遺伝子の機能が失われた三重変異体では，すべての花器官が葉のような器官に変化する。これは，ABCの各遺伝子が機能することにより葉が各花器官に分化する，と言い換えることができる。これは，18世紀末にゲーテ（J.W. von Goethe）が提唱した「花器官は葉が変形したものである」という考えと一致する。ゲーテは小説家や詩人として有名だが，自然科学の学者でもあり，生物学分野では解剖学などに深い造詣をもっていた。彼は一時ドイツから離れ，旅先のイタリアなど南欧の多様な植物を注意深く観察し，この考えに至った。帰国後，1790年に『植物変形論』という本を著し，この考えを論じている。ABCモデルは，1991年にNature誌上で提唱された。つまり，ゲーテの鋭い洞察は200年後に，現代生物学の研究成果として確証されたことになる。

5.2 ABC 遺伝子の分子機能

5.2.1 ABC 遺伝子の実体

ABC モデルの提案に続いて，ホメオティック変異の原因となる遺伝子が次々とクローン化され，分子レベルの解析が進められるようになった。ここまでは，ABC モデルの説明としてシロイヌナズナとキンギョソウの両者を取り上げながら，A，B，C 遺伝子と総称して各クラスの遺伝子の機能を概説してきた。本節以降は，主に，シロイヌナズナに焦点を当てつつ，個々の遺伝子名で述べていくことにする。

遺伝子が単離された結果，ABC 遺伝子は，すべて，転写制御因子をコードしていることが判明した。このうち，シロイヌナズナの *AP2* を除く遺伝子は，すべて **MADS 遺伝子**ファミリーに属する遺伝子である。MADS 遺伝子がコードするタンパク質は，N 末端側に MADS ドメイン，中央付近に K ドメインと呼ばれる領域をもっており，MADS ドメインと K ドメインとの間は，I (intervening) 領域と呼ばれている (図 5.4)。MADS ドメインは DNA 結合に，K や I ドメインはタンパク質間相互作用に関わっている。

(A) MADS タンパク質

(B) YABBY タンパク質

図 5.4　MADS タンパク質と YABBY タンパク質の模式図
　(A) MADS タンパク質。各ドメインの下の数字は，AP1，AP3，PI，AG タンパク質間のアミノ酸の類似性。MADS ドメインは他のドメインと比べて類似性が高い。(B) YABBY タンパク質。zinc finger と helix-loop-helix モチーフという 2 つの特徴的な構造をもつ。helix-loop-helix モチーフは YABBY ドメインとも呼ばれている (5.3.4 参照)。

MADSドメインは，ほぼ同時に発見されたタンパク質に保存性の高い領域があることから，それをコードする4つの遺伝子にちなんで命名されている．その遺伝子とは，酵母の *MCM1*，シロイヌナズナの *AG*，キンギョソウの *DEF*，および，ヒトの *SRF* である．MADSタンパク質には，Kドメインを含むものと含まないものが存在し，前者は，**MIKCタイプ**と呼ばれている．このタイプのMADSタンパク質は植物に特有であり，動物や菌類などには存在しない．植物には，両者のタイプのMADSタンパク質が存在するが，花の発生に関わるものはすべてMIKCタイプである．

　MADS転写因子は，二量体（dimer）を形成してDNAに結合する．AP1とAGはそれぞれ**ホモダイマー**（homodimer）を形成するが，AP3とPIはホモダイマーを形成できず，AP3-PIの**ヘテロダイマー**（heterodimer）を形成する．AP3とPIは，アミノ酸配列が非常に類似したタンパク質である．通常，類似性の高いタンパク質は冗長的な作用を行うため，一方が機能を失っても大きな表現型を示すことがない．しかしながら，AP3とPIはヘテロダイマーとして機能するため，一方の機能喪失は重篤な表現型を示す．また，このことと一致して，*ap3 pi* 二重変異体は，それぞれの単独変異体とほとんど表現型が変わらない．これらの生化学的・遺伝学的特徴は，キンギョソウの *DEF* と *GLO* についても全く同様である．

5.2.2　ABC遺伝子の空間的発現パターン

　遺伝子が単離されると，*in situ* **ハイブリダイゼーション**（hybridization）法により，mRNAの蓄積パターンを調べることができるようになる．遺伝子の**時間的・空間的発現パターン**（spatiotemporal expression pattern）を解析することは，発生遺伝学では非常に重要である．この解析から，ABCの各遺伝子は，ABCモデルから機能が予想されている領域で発現していることが明らかとなった．例えば，クラスB遺伝子である *AP3* と *PI* は，野生型の花メリステムにおいて花弁と雄蕊が分化する予定領域，すなわち，ウォール2と3で発現している（図5.5）．また，*AP1* 遺伝子はウォール1と2で，*AG* はウォール3と4で発現する．各器官の予定領域でこれらの遺

第 5 章　花器官アイデンティティーの決定

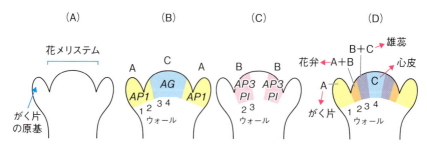

ABC 遺伝子の発現領域

図 5.5　野生型シロイヌナズナにおける ABC 遺伝子の空間的発現パターンの模式図
メリステムにおける各遺伝子の mRNA の局在性を模式的に表したもの。(A) がく片原基を分化している花メリステム。(B) *AP1*（黄色）と *AG*（水色）の発現パターン。(C) *AP3* と *PI*（ピンク）の発現パターン。(D) ABC の各遺伝子の組み合わせによる花器官の形成。

伝子が発現しているという実験結果は，これらの遺伝子が花メリステムの各領域において器官分化のための細胞の運命を決定する，という考えと一致している。ただし，*AP1* は発生のごく初期には花メリステムの全体で発現し，その後，ウォール 1 と 2 に限定されるようになる。初期の発現は，*AP1* が花メリステムのアイデンティティーを制御していることと関連している（第 6 章参照）。

　AP2 遺伝子は，他の ABC 遺伝子とは異なり，AP2/ERF ドメインをもつ転写因子をコードしている。この遺伝子が単離された時点では *AP2* は花メリステム全体で発現していることが示され，ウォール 1 と 2 のみに異常が生じる *ap2* 変異体の表現型との矛盾が指摘された。その後，*AP2* の局所的な発現には，マイクロ RNA[※5-3] の作用が関連しているなどの論文も発表された。しかしながら，入念な解析により，*AP2* はそれ自身の機能によって主にウォール 1 と 2 に限定して発現していることが示され，表現型との矛盾も解

※5-3　マイクロ RNA：21-22 塩基の小分子 RNA で，この RNA と相補鎖をもつ mRNA に結合し，mRNA の切断や翻訳阻害などを通して，遺伝子の発現を転写後に調節する。

消された[※5-4]。

このように，ABCの各遺伝子は，ABCモデルにおいてその遺伝子が機能していると推定された領域で発現している。これは，mRNAの空間的発現パターンによって，ABCモデルが分子レベルで一部検証されたことを意味している。

クラスAとクラスC遺伝子の拮抗作用

ある花のホメオティック突然変異体で他のABC遺伝子の発現を調べると，また，新たな知見が得られる。*ag*変異体では，*AP1*遺伝子が後期に至るまで，メリステム全体で発現している(図5.6A)。これは，野生型では，*AG*によって，*AP1*がウォール3とウォール4で発現しないように抑制されていたことを示している。一方，*ap2*変異体では，*AG*遺伝子がメリステム全体で発現するようになる(図5.6B)。これも，野生型のウォール1と2では，*AG*の発現が*AP2*によって抑制されていたことを示している。このように，ABCモデルのルール2のクラスA遺伝子とクラスC遺伝子の拮抗的な抑制作用は，遺伝子の転写レベルで制御されていることが明らかになった。なお，詳細な解析により，*AG*を抑制する作用をもつのは*AP2*のみで，*AP1*は*AG*の

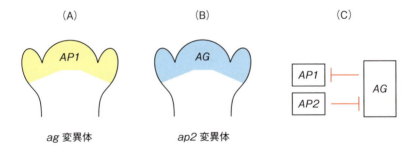

図5.6 シロイヌナズナの変異体におけるABC遺伝子の空間的発現パターンの模式図
メリステムにおける各遺伝子のmRNAの局在性を模式的に表したもの。
(A) *ag*変異体における*AP1*の発現パターン。(B) *ap2*変異体における*AG*の発現パターン。クラスB遺伝子（*AP3*と*PI*）は，野生型と同様に発現している。(C) *AP1*, *AP2*および*AG*の間の負の相互作用（赤のT字バー）。

※5-4 この矛盾の解決には15年以上の年月が費されている。その解決には，可視化技術を含め，各種の実験手法の進展が大きく寄与している。

発現には影響を与えないこと，*AG* により抑制されるのは *AP1* のみであり，*AP2* は *AG* の影響を受けないことが明らかにされている（図 5.6C）。

5.2.3　ABC 遺伝子の構成的発現

ABC 遺伝子を本来発現していないところで発現（**異所的発現** ectopic expression）させることによっても，その遺伝子の機能や花器官アイデンティティーの決定機構を理解することができる。タバコモザイクウイルスの 35S コートタンパク質のプロモーター（***35S* プロモーター**）は，植物体内でほぼどの組織でも（構成的に），強く（過剰に）遺伝子を誘導することができる。

35S プロモーターによってクラス B 遺伝子の *AP3* と *PI* を野生型で同時に発現誘導する形質転換体（*35S:AP3 35S:PI*）を作製すると，花弁－花弁－雄蕊－雄蕊からなる花が形成されるようになる（図 5.7B）。ウォール 1 で 2 つのクラス B 遺伝子が発現するので，クラス A とクラス B 遺伝子が共存するようになり，その結果，がく片ではなく花弁が分化するのだと解釈できる。同様に，ウォール 4 では，クラス B とクラス C 遺伝子により，心皮の代わりに雄蕊が形成される。また，*35S:AP3* と *35S:PI* を *ag* 変異体に導入すると，花弁のみが何度も繰り返す花が形成される。これは，すべてのウォールで，クラス A とクラス B 遺伝子との組み合わせになり，かつ，花メリステムの有限性が失われたためである。

35S:AG を野生型に導入すると，がく片が心皮に，花弁が雄蕊に置き換わる（図 5.7C）。*35S* プロモーターは強い発現を誘導し，なおかつ，植物細胞の内在性の遺伝子の影響は受けない。したがって，ウォール 1 と 2 では，*AP1* の発現が抑制される。そのため，ウォール 1 では *AG* により心皮が，ウォール 2 では *AG* とクラス B 遺伝子の組み合わせにより雄蕊が分化するのである。

ABC 遺伝子の構成的発現体の花の表現型は，すべて，ABC モデルの 3 つのルールに基づいて説明可能である。逆に，これらの結果は，遺伝学的研究から提案された ABC モデルが分子レベルで実証されたことを示している。

5.3 イネ科の花器官アイデンティティーの制御

（A）野生型

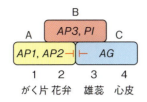
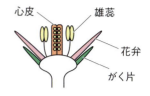

（B）*AP3*, *PI* 同時過剰発現体

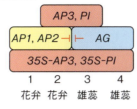
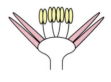

（C）*AG* 過剰発現体

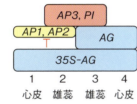

図 5.7　ABC 遺伝子の過剰発現の効果
（A）シロイヌナズナの野生型。（B）35S プロモーターによって *AP3* と *PI* が同時に過剰発現しているシロイヌナズナの形質転換体。（C）35S プロモーターによって *AG* が過剰発現しているシロイヌナズナの形質転換体。*AG* が強く発現するので，その抑制効果により *AP1* の発現が低下し，クラス A 遺伝子の機能が低下あるいは消失する。

5.3　イネ科の花器官アイデンティティーの制御

5.3.1　イネ科の花の形態

小穂と小花

　イネ科の花は，**小穂**（spikelet）といわれる特殊な花序単位の中に形成される。小穂は，一対の**苞穎**（glume）に包まれた，複数の**小花**（floret）からなる（図 5.8A）。1 小穂中の小花の数は種によって異なり，イネは 1 つの小穂の中に 1 小花を，トウモロコシの雄花は 2 小花を，パンコムギ（*Triticum*

93

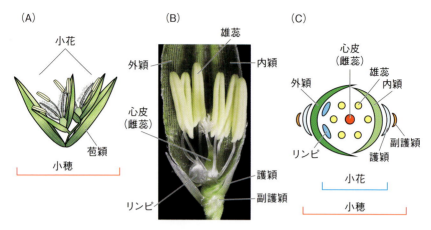

図 5.8 イネ科植物の小穂の構造
（A）イネ科植物の一般的な小穂。（B）イネの小穂。（C）イネ小穂の花式図。
（写真提供：田中若奈）

aestivum）は多数の小花を生じる。小花は，内側から，雌蕊，雄蕊，リンピ（lodicule）の各花器官と，これを取り囲む**外穎**（がいえい）（lemma）と**内穎**（ないえい）（palea）から構成されている。外穎と内穎はがく片とは異なる器官であり，イネ科の花はがく片を欠失していると考えられている。リンピは半透明の小さな器官で，比較形態学的研究から花弁の**相同器官**と見なされており，両者は進化的起源が同一である。リンピは花器官としては最も外側に形成されるが，真正双子葉植物と比較しやすくするため，リンピが生じる位置がウォール 2，雄蕊と雌蕊が分化する位置が，それぞれ，ウォール 3，ウォール 4 と呼ばれている。

イネの花

イネの花には，中心部に 1 本の雌蕊が，それを取り囲むように 6 本の雄蕊が形成される（図 5.8B, C）。雌蕊の上部は 2 つに分かれ，**花柱**（style）と**柱頭**（stigma）を形成し，基部の子房の内部には，たった 1 個のみの**胚珠**（ovule）が分化する（図 5.13A, p.102; 5.3.6 参照）。このように，イネの雌蕊は比較的単純な構造である。これは，シロイヌナズナでは心皮原基から様々な組織が分化し，胚珠も多数形成されるのとは対照的である（第 7 章参照）。雄蕊は，シロイヌナズナと同様，上部の葯とそれを支える花糸から構成される。

リンピは外穎側のみに2個形成されるため，非対称な配置をとる。リンピは多量に水分を吸収すると膨潤し，外穎と内穎を基部から押し広げる。これがイネの一生に一度起こる**開花**（anthesis）であり，この開花により花粉が外に放出され，**他家受粉**（cross-pollination）が起こる。ただし，野生のイネではこの他家受粉により受精が起こるが，ほとんどの栽培イネでは，開花前に葯が裂開するため**自家受粉**（self-pollination）が優先的になる。イネの苞穎は痕跡的な器官にまで極度に退化しており，**副護穎**（rudimentary glume）と呼ばれている。内外穎と副護穎の間には，**護穎**（sterile lemma）といわれる器官が存在する（コラム 5.2 参照）。

コラム 5.2 イネの小穂形態の進化と護穎

イネの護穎に相当する器官は，イネ属の植物に特有であり，他のイネ科植物には見られない。80 年以上前に比較形態学的研究から，この護穎という器

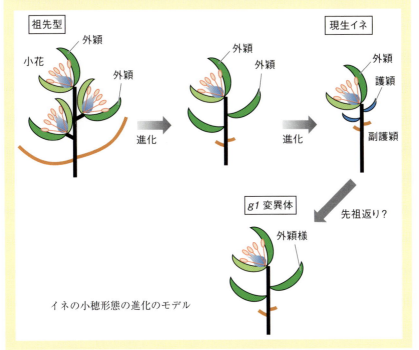

イネの小穂形態の進化のモデル

官は，進化の過程で退化した外穎に由来しているという仮説が提案されている。すなわち，イネの小穂はもともと3小花から構成されており，進化の過程で，そのうち2つの側生小花が退化して外穎のみとなり，さらにその外穎のサイズと形態が変化したものが護穎という器官になったという考えである。

ところで，*GLUME1*（*G1*）という遺伝子が完全に機能喪失すると，護穎は外穎とほぼ同じようなサイズとアイデンティティーをもつ器官に変化する。上記の仮説に基づけば，あたかも先祖返りを思わせる変異である。この*G1*遺伝子はイネの小穂の形態進化に関わっている可能性も考えられる。

トウモロコシの花

イネが雄蕊と雌蕊の両者を備えた**両性花**（bisexual flower）であるのに対し，トウモロコシは雌花と雄花の**単性花**（unisexual flower）を生じる。第8章で詳しく述べるが，単性花であっても，発生初期にはすべての花器官が分化し，その後一方の器官の発生が停止し退化する。したがって，イネ科の花器官アイデンティティーの決定機構は，単性花あるいは両性花を生じる種の間でも，共通していると考えられる。

5.3.2 イネの改変 ABC モデル

真正双子葉類のシロイヌナズナやキンギョソウの研究から提案されたABC モデルは，単子葉類にも当てはまるのであろうか？

結論から先に述べると，特殊な花を分化するイネ科においても，ABC モデルの基本骨格は保存されている。ただし，イネの花器官アイデンティティーの決定機構には，この基本骨格をもとにいくつかの改変（修正）が必要となる（図 5.9）。イネの改変 ABC モデルの第1の特徴は，心皮アイデンティティーの決定に，*DROOPING LEAF*（*DL*）遺伝子が重要な役割を果たすことである。*DL* は YABBY 遺伝子ファミリーに属し，シロイヌナズナの ABC モデルには登場しない遺伝子である。第2に，イネ科の進化の過程で MADS 遺伝子が重複し数が増えてきたため，遺伝子の冗長性が増したり，機能分化が起こっている（*PI* オーソログの *OsMADS2* と *OsMADS4*，*AG* オーソログ

5.3 イネ科の花器官アイデンティティーの制御

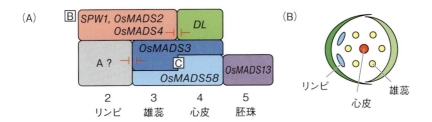

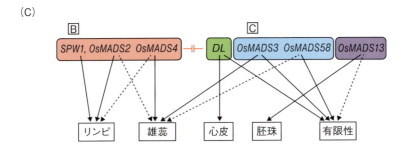

図 5.9 イネの花器官の発生メカニズム
(A) イネの改変 ABC モデル。(B) イネの花式図。(C) 遺伝子の作用と形成する花器官。実線矢印は強い作用を，破線矢印は弱い作用を示す。

の *OsMADS3* と *OsMADS58*; 図 5.9C: 5.12)。さらに，イネでは胚珠がメリステムから直接分化するため，第 5 ウォールを想定する必要がある（図 5.9A; 5.3.6 参照）。したがって，イネの花の発生モデルは，シロイヌナズナよりやや複雑になる（図 5.9A）。

以下の項では，最も良く理解が進んでいるイネを中心に，各遺伝子の機能に触れながら，イネ科の花器官アイデンティティーを制御する機構について具体的に解説する[※5-5]。

※5-5 イネには，シロイヌナズナのクラス A 遺伝子である *AP1* に類似した MADS 遺伝子が 4 個存在する。これらの遺伝子の単独あるいは二重変異体では表現型が現れず，また，イネにはがく片もないことから，花器官形成に関するクラス A 遺伝子の機能はあまり良くわかっていない。

5.3.3 クラス B 遺伝子の機能

イネやトウモロコシでも，花のホメオティック変異体を利用した発生遺伝学の研究が進められてきた。

イネの *superwoman1*（*spw1*）変異体やトウモロコシの *silky*（*si*）変異体では，雄蕊が雌蕊に，リンピが小さな葉のような器官に置き換わる（図 5.10, 図 5.11B）。これらの変異体の原因遺伝子が同定された結果，いずれも，シロイヌナズナの *AP3* に最も近縁な MADS 遺伝子（図 5.12）に重篤な変異があることが判明した。また，*in situ* ハイブリダイゼーションで調べると，この 2 つの遺伝子とも，花メリステムにおいてリンピと雄蕊が分化する予定領域で発現していた。これらの結果は，イネやトウモロコシにおいて，クラス B 遺伝子がリンピと雄蕊のアイデンティティーを決定していることを示している。

イネにおいては，2 つの *PI* オーソログ（*OsMADS2* と *OsMADS4*）についても，逆遺伝学的研究が行われ，リンピと雄蕊の決定に関わっていること，器官の種類により 2 つの遺伝子の貢献度はそれぞれ異なっていることが示されている。

図 5.10　イネの花のホメオティック突然変異体
spw1 変異体では雄蕊が心皮へ，*dl* 変異体では心皮が雄蕊へとホメオティックに変化している。*spw1* 変異体における矢印は，リンピが変化した小さな葉のような器官。（写真提供：田中若奈，杉山茂大）

5.3 イネ科の花器官アイデンティティーの制御

（A）野生型

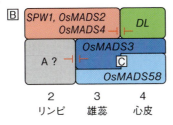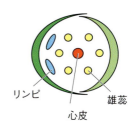

（B）*spw1* 変異体

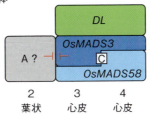

（C）*dl* 変異体

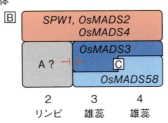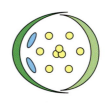

図 5.11　イネの花のホメオティック変異体における遺伝子作用と表現型
　（A）野生型。（B）*spw1* 変異体。（C）*dl* 変異体。赤の T 字バーは拮抗作用を示す。

リンピの発生制御

　前述したようにリンピと花弁とは，形態も機能も異なっている．しかし，イネ科と真正双子葉類では，クラス B の MADS 遺伝子が共通して，花メリステムのウォール 2 で，未分化細胞を器官分化へと誘導する役割を担っているのである．一方，このクラス B の MADS 転写因子によって制御されている下流の遺伝子が異なっているため，それぞれの植物において，リンピと花

第 5 章　花器官アイデンティティーの決定

(A) クラス B 遺伝子

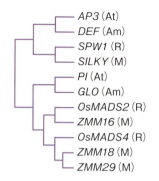

(B) クラス C 遺伝子

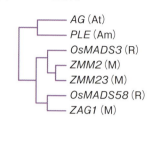

図 5.12　4 種の植物におけるクラス B とクラス C 遺伝子の系統関係
Am, キンギョソウ; At, シロイヌナズナ; M, トウモロコシ; R, イネ.

弁という異なる器官が形成されるのだと考えられる.

タンパク質機能の保存性

イネとトウモロコシの両者において，*AP3* と *PI* のオーソログのタンパク質どうしは，試験管内や酵母の細胞内でヘテロダイマーを形成することも示されている（イネでは SPW1-OsMADS2 と SPW1-OsMADS4；トウモロコシでは SI-ZMM16）．したがって，クラス B 遺伝子やタンパク質の機能は，真正双子葉植物と単子葉植物で保存されていると考えられる．実際，トウモロコシの *SI*（*AP3* オーソログ）と *ZMM16*（*PI* オーソログ）を，*AP3* プロモーターを用いてシロイヌナズナで発現させると，*ap3 pi* 二重変異体を相補することができる．すなわち，トウモロコシの SI-ZMM16 のヘテロダイマーは，AP3-PI ヘテロダイマーと同じようにシロイヌナズナの中で下流遺伝子の発現を誘導することができ，花弁と雄蕊の分化を促進するのである．

5.3.4　心皮アイデンティティーの決定

***DROOPING LEAF* 遺伝子**

イネの *dl* 変異体では，心皮が雄蕊へとホメオティックに転換する（図 5.10，図 5.11C）．したがって，*DL* 遺伝子はイネの心皮分化の決定に必須の遺伝

子である．*dl* 変異体では，花のホメオティック変異の他に，葉が直立せずにしな垂れる表現型を示す．そのため，後者の表現型に由来して，この遺伝子名がついている（コラム 5.3 参照）．

心皮が形成されないシロイヌナズナの *ag* 変異体では，心皮の代わりに二次花が生じる．また，ABC 遺伝子の機能が失われると，必ず隣り合う 2 つのウォールの花器官が異常となる．一方，イネの *dl* 変異体では，心皮の代わりに雄蕊が形成され，異常が起こるのはウォール 4 のみである．したがって，DL は，これまでの ABC 遺伝子とは異なる特徴をもっている．

DL 遺伝子が単離されたところ，N 末端側に zinc finger モチーフを，C 末端側に YABBY ドメインと呼ばれている helix-loop-helix モチーフをもつタンパク質をコードしていることが判明した（図 5.4B, p.88）．この YABBY タンパク質も転写制御に関わると考えられている．YABBY 遺伝子は，イネでは 8 個，シロイヌナズナでは 7 個存在し，比較的小さな遺伝子ファミリーを構成している．

イネの DL 遺伝子は，メリステムの心皮原基が分化する予定領域で発現が開始し，心皮の発生中，その原基全体で発現が持続する（図 5.13C）．この時間的・空間的発現パターンは，*DL* が心皮アイデンティティーを決定することを強く支持している．したがって，イネでは，ABC モデルにこれまで登場していなかった新たなタイプの遺伝子－ YABBY 遺伝子－が心皮アイデンティティーを制御していることになる．

クラス C 遺伝子

イネには 2 つのクラス C 遺伝子（*OsMADS3* と *OsMADS58*）が存在する．*osmads3* 変異体では，心皮に大きな影響は出ないが，雄蕊の代わりに，リンピあるいは雄蕊とリンピのキメラ様の器官が形成される．したがって，*OsMADS3* は雄蕊アイデンティティーを決定していると考えられる．*osmads58* 単独変異体の花はほとんど野生型と変わらないものの，*osmads3* との二重変異体では，リンピのみを次々と繰り返す花が形成される．これは，繰り返す器官は異なるものの，シロイヌナズナの *ag* 変異体で花メリステムの有限性が喪失した表現型に類似している．したがって，*OsMADS3* と

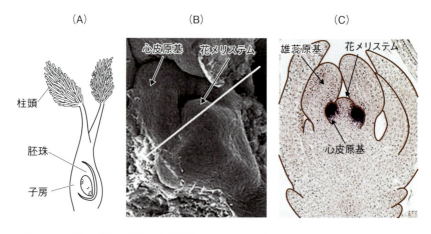

図 5.13 イネの雌蕊の構造と心皮分化時の DL の発現パターン
（A）イネの雌蕊。（B）心皮原基分化時の走査型電子顕微鏡像。（C）*in situ* ハイブリダイゼーションによる *DL* の発現パターン（濃い紫色）。（B）の白線部分の横断切片に相当する。（B, C の写真は，Yamaguchi *et al.* (2004) Plant Cell より引用）

OsMADS58 は，ともに，花メリステムの有限性を制御していると考えられる。また，この二重変異体では心皮が形成されないことから，イネのクラス C 遺伝子は *DL* の発現を抑制している可能性がある。

イネとシロイヌナズナにおける *DL/CRC* 遺伝子の機能の違い

　シロイヌナズナの *DL* オーソログは，*CRABS CLAW*（*CRC*）である。しかし，シロイヌナズナでは *CRC* が機能を喪失しても心皮は分化し，その最終的な形態がわずかに異常となる程度である（図 7.9 参照，p.151）。イネの *DL* とは異なり，*CRC* はメリステムでは発現せず，心皮原基が形態的に明瞭になってから，心皮原基の背軸側で発現する。したがって，シロイヌナズナでは *CRC* が心皮アイデンティティーを決定しているわけではない。

　シロイヌナズナの *CRC* 遺伝子は**蜜腺**（nectary）の分化に必須である。イネは，風媒花であり，蜜腺はもともと存在しない。イネの *dl* 変異体では，葉が直立せずしな垂れる。これは，葉の中央に存在する**中肋**（midrib）構造が欠損するためである。*DL* は葉原基の中央領域で発現し葉原基の厚み方向の細胞増殖を促進することにより，中肋形成に必要な細胞数を確保している

と考えられている。一方，*crc* 変異体では，葉には異常は見られず，*CRC* の葉原基での発現も見られない。これらのことから，イネの *DL* とシロイヌナズナの *CRC* は，進化の過程で発生における役割が大きく異なってきたと考えられている。

> **コラム 5.3　遺伝子名－こぼれ話**
>
> 　イネの心皮が雄蕊にホメオティックに転換する変異体は，当初 *superman*（*sup*）変異体と呼ばれていた。この変異体は，花の表現型の他に，葉がしな垂れるという特徴（垂れ葉）を示した。垂れ葉という表現型は古くから知られており，この形質を支配する遺伝子は *DROOPING LEAF*（*DL*）と命名されていた。遺伝学的な解析（アレリズムテスト）により，花のホメオティック変異も垂れ葉の表現型も，同じ遺伝子座に起きた変異に由来していることが示された。その後の解析により，*DL* 遺伝子が完全に機能を欠損すると花のホメオティック変異と垂れ葉変異の両方を示し，その機能が部分的に喪失すると垂れ葉変異のみを示すことが明らかとなった。遺伝子名としては *DL* に優先権があるので，*SUPERMAN* という遺伝子名は使えなくなった。このような経緯から，心皮が雄蕊へとホメオティックに転換する変異体は *drooping leaf* 変異体と称されており，花の変異体らしからぬ名前となっている。ただ，花のホメオティック変異を示す系統は *dl-superman1*（*sup1*）と呼ばれており，もとの遺伝子名はアレル名として名残をとどめている。なお，雄蕊が心皮へとホメオティックに転換する変異の原因となる遺伝子 *SUPERWOMAN1*（*SPW1*）は，正式な遺伝子の名称として用いられている。
>
> 　*dl-sup1* のように，アレル名には，番号ではなく，ニックネームのような名称が付けられている場合もある。シロイヌナズナには，*SUPERMAN*（*SUP*）という遺伝子があり，この遺伝子の機能が喪失すると，雄蕊が多く形成され，心皮の形成が阻害される。この遺伝子は zinc finger モチーフをもつ転写因子をコードしており，細胞増殖を負に制御している。ところで，*sup* 変異体のアレルの中には，タンパク質をコードしている領域には変異が全く存在しないものがある。これは，エピジェネティック変異であり，DNA の過剰メチル化によって，この遺伝子の発現が抑制されていることが原因である。このア

レルは，*clark kent*（*clk*）アレルと命名されている（*sup-clk* と表記）。このジョークがわからない方は，映画の「スーパーマン」を見ていただきたい。

5.4 で解説する *SEP1/2/3* の 3 つの遺伝子は，当初，*AG* 遺伝子のホモログとして単離・研究されており，*AGL2/4/9*（*AGL* は *AG-LIKE* の略）と呼ばれていた。*sep* 三重変異体の表現型から，現在の遺伝子名に改名されている。これも，コラム 3.1 で解説したように，遺伝子の命名には機能と関連する研究の成果が優先することを反映している。SEP3 タンパク質の機能の研究は，*sep* 三重変異体の研究とは全く独立に行われた。AP3 と PI タンパク質のヘテロダイマーと相互作用する因子が同定された際には，そのタンパク質は AGL9 として国際学会などで報告されていた。2 つの異なるアプローチによる研究はともに Nature 誌に発表されたが，わずか数か月の違いで，*sep* 三重変異体の方が早かった。タンパク質としての機能解明の方が早く論文として発表されていたならば，異なる遺伝子名が付けられていたかもしれない。

5.3.5 遺伝子間の相互作用

前述したように，*spw1* 変異体では雄蕊が心皮に，*dl* 変異体では心皮が雄蕊にホメオティックに転換する。*spw1* 変異体のウォール 3 では異所的に *DL* が発現しており，これがこのウォールでの心皮分化に関わっている。同様に，*dl* 変異体のウォール 4 ではクラス B 遺伝子が異所的に発現しており，雄蕊分化に関わっている。したがって，野生型では，ウォール 3 でクラス B 遺伝子が *DL* の発現を，ウォール 4 では *DL* がクラス B 遺伝子の発現を，抑制していると考えられる（図 5.9, p.97）。また，*SPW1* が構成的に発現しているイネの形質転換体では，ウォール 4 における *DL* の発現は非常に弱くなり，心皮の雄蕊へのホメオティック転換，あるいは心皮と雄蕊との**キメラ器官**（chimeric organ）の形成などが観察される。

したがって，イネにおいては，*DL* とクラス B 遺伝子とが拮抗的に作用し，互いの発現を負に制御し合っていることになる。これは，シロイヌナズナの ABC モデルのルールの 1 つである，クラス A とクラス C 遺伝子の負の相互作用と類似している。

5.3.6 胚珠の分化

イネの子房内には胚珠が1個のみ分化する（図5.13, p.102）。後述するように，シロイヌナズナでは，心皮の分化後に**胎座**（placenta）という組織が形成され，この胎座から胚珠が分化する（7.2.1 参照）。しかし，イネでは，特別な組織が分化することなく，花メリステムから直接胚珠が分化する。この胚珠分化を制御しているのが，クラスD[※5-6]のMADS遺伝子である*OsMADS13*である（図5.9, p.97）。この遺伝子が機能喪失した変異体では，胚珠が形成されず，心皮が繰り返される表現型を示す。後者の表現型は，メリステムの有限性が部分的に喪失していることを示している。また，サイトカイニン合成に関わりメリステムの維持に重要なはたらきをもっている*LOG*（3.4.4 参照）の弱い変異体でも胚珠が形成されない。これらのことは，イネの胚珠形成は，花メリステムの機能と密接に関わっていることを示している。したがって，胚珠が形成される場は，ウォール5といって良いであろう（図5.9, p.97）。

なお，シロイヌナズナでは，心皮から分化した胎座上に胚珠が分化するので（7.2.1 参照），メリステムが胚珠分化に直接関わっているわけではない。後述するように，シロイヌナズナにおいても，クラスDのMADSボックス遺伝子が胚珠分化に関与している（7.2.4 参照）。したがって，分化のもととなる組織は異なっていても，胚珠分化のメカニズムは，シロイヌナズナとイネで共通している可能性が高い。

[※5-6] クラスD：ABC遺伝子が同定された後，いろいろな植物から多くのMADS遺伝子が単離され，タンパク質の類似性をもとに遺伝子系統樹が作成された。その結果，MADS遺伝子はいくつかのグループに分類され，クラスA, B, Cにつづいて，クラスD, Eなどと呼ばれるようになった（あるいは，クレードA, B, C, D, Eとも呼ばれている）。したがって，クラスD以降のクラス名には，ABCモデルとの関連性はない。なお，クレードA（クラスA）には，*AP1*以外に*CAL*や*FUL*遺伝子（第7章参照）などが含まれている。論文によっては，ABCモデルから離れて，*AP1, CAL, FUL*などを総称してクラスA遺伝子と呼ぶこともあるので注意が必要である。

5.4 *SEP* 遺伝子の機能と花のカルテットモデル

1990年代初頭に遺伝学的研究により提案されたABCモデルは，90年代の分子遺伝学的研究により，その正しさが分子レベルで実証されてきた（5.2）。この期間は分子レベルでの理解は進んだものの，概念的にABCモデルを超えるような大きな進展はなかったといって良い。しかし，2000年代に入って，2つの独立したアプローチによる *SEPALLATA*（*SEP*）遺伝子の発見と，それに引き続くこの遺伝子の機能解明により，花の発生の理解はさらに深く進むこととなった。本節では，再びシロイヌナズナに戻り，*SEP* 遺伝子の機能とそれを取り込んだ花のカルテットモデルについて解説する（図5.14）。

5.4.1 *sep* 三重変異体

シロイヌナズナのゲノム中には，100個以上のMADS遺伝子が存在する。逆遺伝学的な手法により，花の発生におけるMADS遺伝子の機能を解明するための研究が進められた。しかしながら，単一あるいは二重変異体を作製しても明瞭な表現型が現れず，ABC遺伝子以外には，重要なはたらきをするMADS遺伝子は見いだされなかった。このような状況は長年続いたが，ある組み合わせでMADS遺伝子の三重変異体を作製したところ，すべての花器官ががく片に変化するという劇的な表現型が現れた。これらの遺伝子は，*SEPALLATA* と命名された。

クラスbc二重変異体においても，すべての花器官ががく片に変化する。したがって，これらの3つの *SEP* 遺伝子は，クラスBとクラスC遺伝子の発現を促進しているのではないかと推定された。しかしながら，*sep1 sep2 sep3* の三重変異体においてもクラスBとクラスC遺伝子は正常に発現していることから，この推定は否定された。それでは，*SEP* 遺伝子はどのような機能を担っているのであろうか？

5.4 *SEP* 遺伝子の機能と花のカルテットモデル

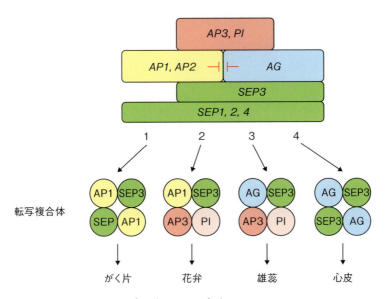

図 5.14　花のカルテットモデル（ABCE モデル）
各ウォールではたらく転写複合体（四量体）とそれにより形成される花器官。*SEP3* はウォール 2〜4 で，他の *SEP* 遺伝子はすべてのウォールで発現している。複合体形成には，SEP3 が最も重要な因子と考えられているが（5.4.5），第 1 ウォールでは，SEP3 以外の SEP タンパク質が関与していると考えられている。

5.4.2　SEP3 タンパク質の機能

この *SEP* 遺伝子の機能は，全く別のアプローチによって明らかにされた。それは，クラス B 遺伝子がコードするタンパク質と相互作用する因子の探索から始まった。AP3 と PI タンパク質のヘテロダイマーと相互作用する因子として，ある MADS タンパク質が同定されたが，これは前節の *SEP3* 遺伝子のコードするタンパク質と同一であった（コラム 5.3 参照）。

この SEP3 の生化学的な機能を調べたところ，以下のことが明らかとなった。

複合体形成

第 1 に，SEP3 は ABC 遺伝子がコードするタンパク質と相互作用し，タンパク質の複合体（四量体 tetramer）形成に重要な役割を果たす。例えば，AP3-PI ヘテロダイマーと AG タンパク質は，直接タンパク質の相互作用はしない。しかし，ここに，SEP3 タンパク質が加わると，AP3-PI-SEP3-AG

の四量体が形成される。これは，クラス B とクラス C 遺伝子によって，ウォール 3 で雄蕊アイデンティティーが決定されるための複合体（BC 複合体）に相当する（図 5.14）。また，AP1，SEP3，AP3，PI の 4 つのタンパク質からなる四量体（AB 複合体）も形成される。これは，花弁アイデンティティーを決定するために作用すると考えられる。このように，SEP3 は四量体からなる転写複合体（transcriptional complex）を形成する骨格の役割を果たす。

転写活性能

SEP3 の第 2 の機能は，この転写複合体に転写活性能を賦与することである。一般に，転写因子は，DNA の特定の塩基配列を認識する **DNA 結合ドメイン**（DNA binding domain）と，転写の活性を促進する **活性化ドメイン**（activation domain）とから構成されている。すなわち，転写因子はある遺伝子のプロモーター上にある特定の塩基配列を認識し，転写活性ドメインが基本転写因子（basal transcription factor）と相互作用することにより，RNA ポリメラーゼ（RNA polymerase）が mRNA を合成することを促進している。

ABC 遺伝子が同定された時点では，MADS タンパク質は，その構造から転写因子と推定された。しかし，試験管内（*in vitro*）の実験から，AP3，PI や AG は，転写活性能が非常に低いことが判明した。つまり，これらのタンパク質は特定の塩基配列を認識する能力はもっているものの，単独では転写活性能がない。一方，SEP3 は，強い転写活性能をもっていることが示された。したがって，SEP3 がクラス B や C 遺伝子がコードするタンパク質と四量体を形成すると，その転写複合体は特定の塩基配列を認識することができ，かつ，転写活性能をもつことになる。

5.4.3 花のカルテットモデル（ABCE モデル）

SEP 遺伝子も含めた花の発生モデルは，**花のカルテットモデル**（floral quartet model），あるいは，**ABCE モデル**と呼ばれている。カルテットモデルというのは，転写因子が四量体を形成することに由来している。また，*SEP* 遺伝子は，MADS 遺伝子ファミリーの中でクラス E に分類されること

から，ABCE モデルという名称も用いられている．

ABC モデルは遺伝学的な解析により提案されたモデルであり，遺伝子の組み合わせにより，各花器官の決定が説明されている．一方，カルテットモデルでは，この ABC 遺伝子によってコードされるタンパク質がどのような複合体を構成して機能するのかということにまで踏み込んで，花器官のアイデンティティーの決定を説明することになる（図 5.14）．ウォール 2 では，クラス A とクラス B 遺伝子のコードする AP1, AP3, PI と SEP3 タンパク質が四量体の転写複合体を形成し（AB 複合体），メリステムの未分化細胞を花弁原基へと分化させる細胞の運命決定を行っている．同様に，ウォール 3 では，クラス B とクラス C 遺伝子のコードする AP3, PI, AG と SEP3 タンパク質が転写複合体を形成し（BC 複合体），雄蕊へと分化を誘導している．また，ウォール 1 では AP1 と SEP3，ウォール 4 では AG と SEP3 からなる四量体の転写複合体（A および C 複合体）により，がく片および心皮が決定される（図 5.14）．

これらの転写複合体による転写制御においては，ABC タンパク質は制御を受ける下流の遺伝子の特異的な塩基配列の認識に関わっており，SEP3 は四量体の形成と転写活性能の賦与に関与していると考えられている．

SEP 遺伝子の冗長性

SEP3 と SEP1, SEP2 は，互いに非常に良く似ているため，タンパク質としての機能も類似しており，互いに冗長的な機能をもっていると考えられる．したがって，単一あるいは二重の sep 変異体では顕著な表現型を示さないが，三重変異体では，転写複合体の形成や転写活性能が喪失する．そのため，クラス B やクラス C の遺伝子が正常であっても，そのタンパク質は機能を発揮することができない．このことが，5.4.1 で述べた sep1 sep2 sep3 三重変異体において，すべての花器官ががく片のような器官に変化してしまう原因だと考えられる．

なお，その後，これら 3 つの SEP 遺伝子に類似した SEP4 が見いだされた．これらの 4 つの SEP 遺伝子は，初期には花メリステム全体で発現している．発生が進むと，遺伝子により多少のパターンは異なるものの，すべてのウォー

ルあるいは内部の 3 つのウォールで発現が持続する。

　sep1 sep2 sep3 sep4 四重変異体では，すべての花器官が葉に類似した器官に変化する。したがって，*sep1 sep2 sep3* 三重変異体におけるがく片様器官の形成には，*SEP4* が機能していたことになる。一方，5.1.3 で述べたように，abc 三重変異体では，すべての花器官が葉のような器官に置き換わる。abc 三重変異体と *sep* 四重変異体の表現型の類似性は，花のカルテットモデルを強く支持している。

5.4.4　葉を花に変えるには？

　abc 三重変異体の表現型は，花器官は葉が変形したものだという考えと一致する。それでは，通常の葉を花器官に変えることはできるのであろうか？答えは「イエス」である。ただし，ABC 遺伝子を発現させるだけでは，葉は葉のままである。しかしながら，*SEP3* をいっしょに発現させることにより，葉を花器官に変えることができる。

　例えば，*AP1*，*AP3*，*PI* および *SEP3* の 4 つの遺伝子を，*35S* プロモーターで同時に発現させるような形質転換体を作製すると，葉が花弁様に変化する。同様に，*AP3*，*PI*，*AG*，および *SEP3* を同時に発現させると，葉（茎生葉）が雄蕊のような器官に変化する。ただし，いずれの場合も，*SEP3* がないとこのような変化は起こらない。

　花器官は，花メリステムから分化する。しかし，上記の結果は，SEP3 と ABC タンパク質との転写複合体が存在すれば，茎頂メリステムからも花器官の分化が可能であることを意味している。また，ゲーテの提唱した「花器官は葉が変形したものである」という概念（コラム 5.1，p.87）をさらに強く支持していることにもなる。

5.4.5　細胞内での複合体形成

　5.4.2 で述べた複合体形成は，酵母や試験管内の実験で調べられたものである。実験技術の進歩に伴い，最近では，植物の細胞内においてもこのような複合体の存在が確認されるようになった。

その 1 つは，Bimolecular Fluorescence Complementation（**BiFC**）法（二分子蛍光補完法）により示されている。この実験方法では，目的とするタンパク質同士が非常に接近すると蛍光を発するように工夫されており，細胞内で 2 つのタンパク質の相互作用が蛍光シグナルとして検出され，組織内の局在性も可視化できる。この方法により，AP1 と SEP3，AP3 と PI および AG と SEP3 が，細胞内で実際に相互作用していることが示された。また，相互作用が検出される領域は，花メリステムにおいて，これらの ABC 遺伝子が発現する領域と一致していた。

第 2 の方法は，細胞内で目的とする因子（タンパク質）と相互作用するタンパク質をすべて同定する方法である。この方法では，目的とする因子にタグ（tag）が付けられた形質転換体を作製し，花メリステムの抽出液からこのタグに対する抗体を用いてタンパク質を免疫沈殿させる。この沈殿してきたタンパク質をすべて液体クロマトグラフィー－質量分析計（liquid chromatography-mass spectrometry（LC-MS/MS））を用いて解析し，その分子量からそのタンパク質を同定する。したがって，目的とする因子と細胞内で複合体を形成しているタンパク質の種類と相対量を調べることができる。例えば，AP3 を目的因子として用いた場合には，PI が最も多く検出され，続いて，SEP3，AP1，AG などが同定された。この結果は，カルテットモデルの AB 複合体あるいは BC 複合体が細胞内でも形成されていることを示唆している。AP1，PI，AG と相互作用するタンパク質についても，カルテットモデルを支持する結果が得られている。

なお，どの ABC タンパク質との相互作用を調べた場合でも，SEP タンパク質の中では，SEP3 が最も多く複合体形成に関与していた。したがって，シロイヌナズナにおいては，SEP3 が転写複合体形成の骨格として，最も主要な因子であると考えられる。

5.4.6　MADS タンパク質の四量体形成と DNA への結合
CArG ボックス
1990 年代に ABC 遺伝子が MADS ドメインをもつ互いに類似したタンパ

ク質をコードしていることが判明すると，このMADS転写因子がどのような塩基配列を認識するかを解明する研究が進められた．その結果，それぞれのMADS転写因子は特異的な塩基配列に結合することが判明し，CC(A/T)$_6$GGという配列がこのMADS転写因子によって認識される共通配列（**コンセンサス配列** consensus sequence）であることが明らかとなった（(A/T)$_6$は，AまたはTが6回繰り返すことを示す）．この配列は，**CArGボックス**（CArG box）と呼ばれている．ある遺伝子の近傍や内部（プロモーター領域やイントロンなど）に，CArGボックスが存在すれば，この遺伝子はMADS転写因子によって，制御される可能性があると考えられる（もちろん，CArGボックスをもつすべての遺伝子が，この因子に制御されているわけではない）．

DNA－タンパク質複合体

近年の生化学的・分子生物学的解析により，このCArGボックスへのMADSタンパク質の結合様式などが詳しくわかってきた．例えば，100 bp程度の間隔で2つのCArGボックスをもつDNA断片を用いた場合，図5.15のようなDNA－タンパク質複合体が形成される．例えば，AP1やAG，SEP3などをそれぞれ単独でDNA断片と混ぜたときには，各タンパク質は，ホモダイマーとして一方のCArGボックスに結合する．AGとSEP3をいっしょにDNA断片と共存させると，AG-SEP3ヘテロダイマーが形成され，このヘテロダイマーが会合して四量体（C複合体）が形成される．この四量体形成により2つのCArGボックスは近接し，CArGボックスの間のDNAはループを形成する（図5.15B）．また，AP3-PIヘテロダイマーとAG-SEP3ヘテロダイマーは，それぞれ，1つのCArGボックスに結合するが，四量体（BC複合体）形成により，同様に，DNAループをもつDNA－タンパク質複合体が形成される（図5.15B）．さらに，AP3，PI，AG，SEP3を等量ずつ共存させて，特定のタンパク質の量を変動させると，その存在量に依存して，形成される四量体（AP-PI-SEP3-AGと(AG-SEP3)×2）の量比が変わることも示されている．

5.4 SEP遺伝子の機能と花のカルテットモデル

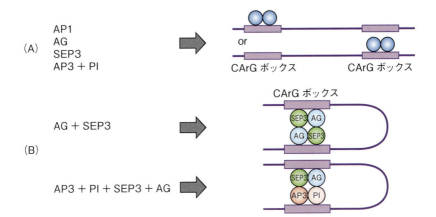

図 5.15　DNA－タンパク質複合体形成
（A）ダイマーのDNAへの結合。AP1, AGまたはSEP3を単独で，2つのCArGボックスをもつDNA断片と混合すると，CArGボックスにホモダイマーとして結合する。AP3とPIの場合は，ヘテロダイマーとして結合する。（B）四量体形成とDNAへの結合。AGとSEP3を同時に，または，AP3, PI, SEP3, AGの4つのタンパク質を同時に，DNA断片と混合した場合には，各ダイマーがCArGボックスに結合するとともにダイマーどうしが結合し四量体を形成する。この四量体を介して，2つのCArGボックスが接近し，DNAのループ構造が形成される。

DNAのループ構造

このように，四量体は2つのダイマーから構成され，各ダイマーが結合するCArGボックスを空間的に近づけている。上記の複合体は，電気泳動移動度シフト解析（electrophoretic mobility shift assay（EMSA）; ゲルシフト解析）という生化学的な手法によって得られた結果からの推定であるが，ごく最近では**原子間力顕微鏡**（atomic force microscopy）を用いて，四量体形成によるDNAのループ形成が実際に観察されるようになってきた。

転写因子からなる複合体が2つのシス領域を接近させDNAのループ形成に関わっていることは，動物の研究でも知られており，この現象は高次の転写調節に関わっていると考えられている。植物の花の発生においても，MADSタンパク質による四量体形成とその機能は，複雑な遺伝子の発現制御にも関わっている可能性があり，今後の研究による新たなメカニズムの解明が期待される。

第6章　メリステムアイデンティティーと花と花序の発生機構

　第4章では花成制御について，第5章では花器官の分化機構について述べてきた．本章では，これら2つの章の間をつなぐ発生イベントについて解説する．花成誘導により茎頂メリステムから変化した花序メリステムは，葉の代わりに花メリステムを分化するようになる（第4章）．花メリステムの側生領域ではABC遺伝子のはたらきにより，花器官が分化するための細胞の運命決定が行われる（第5章）．花メリステム自身の分化やそのアイデンティティーの決定は，どのような遺伝子によって制御されているのであろうか？　また，花メリステムでは，ABC遺伝子はどのようなしくみで誘導されるのであろうか？　本章の前半では，シロイヌナズナにおけるメリステムのアイデンティティー（identity）の決定やABC遺伝子の誘導の分子機構について解説する．また，後半では，メリステムの大きな特徴である有限性と無限性の性質を制御する遺伝子のはたらきを紹介する．

6.1　花メリステムの分化とそのアイデンティティーの確立

6.1.1　花メリステムの分化開始とオーキシン

メリステムの種類と転換
　茎頂メリステムは胚発生時に形成され，栄養成長期には，側生領域に葉を，基部に茎を分化するための細胞を供給している．花成誘導によって茎頂メリステムは花序メリステムへとその性質を転換し，生殖成長期へと移行する．
　シロイヌナズナでは，花序メリステムから花メリステムが形成される（図6.1A）．一般に，胚発生後の地上部メリステムは，葉または**苞葉**（bract）など葉状器官の**腋**（axil）に形成されるが，シロイヌナズナでは苞葉はほとん

6.1 花メリステムの分化とそのアイデンティティーの確立

ど退化しており，花メリステムの形成時に**潜在的苞葉**（cryptic bract）として認められるのみである。イネやトウモロコシなどでは，花序メリステムと花メリステムの間に，ブランチメリステムや小穂メリステムなどの中間段階のメリステムが存在する（コラム6.3参照, p.135）。これらの植物では，苞葉は成長後にも痕跡的器官として観察される。

オーキシンによる花メリステムと器官分化の開始

植物ホルモンの**オーキシン**（auxin）は，植物の発生の様々な局面ではたらいている。その一つが側生器官の分化開始位置の決定であり，葉原基などはオーキシンが高度に集積している位置に形成される。生殖成長期においても，花序メリステムで花メリステムが分化する予定領域や，花メリステムで各花器官原基が分化する予定領域などで，オーキシンの強い集積が見られる。

オーキシンの集積は，その**排出キャリアー**（efflux carrier）であるPIN-FORMED1（PIN1）タンパク質やこのPIN1の活性を制御するPINOID（PID）キナーゼなどのはたらきに依存した極性輸送（polar transport）によって制御されている。これらのタンパク質をコードする遺伝子が機能を完全に喪失した変異体では，花を全く生じないピン状の花茎が生じる。*pin1*や*pid*変異体にオーキシンを局所的に投与すると，その表現型が部分的に回復する。

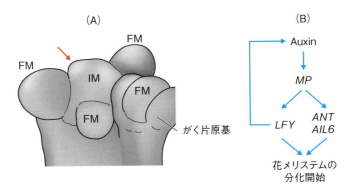

図6.1 シロイヌナズナの花メリステムの分化
(A) 花序メリステム（IM）から，花メリステム（FM）が分化している状態。赤の矢印は，最も若い花メリステムが隆起し始めていることを示す。
(B) 花メリステム分化時のオーキシンと遺伝子の作用。

第6章 メリステムアイデンティティーと花と花序の発生機構

オーキシンのシグナル伝達に関わる *MONOPTEROS*（*MP*）（別名，*AUXIN RESPONSE FACTOR5*（*ARF5*））遺伝子の変異体でも同様にピン状の表現型が現れる。*pin1* 変異体などとは異なり，*mp* 変異体の花茎にオーキシンを与えても表現型は回復しない。シロイヌナズナには多くの *ARF* 遺伝子[※6-1]が存在するにもかかわらず，*mp* 単独変異体でこのような表現型が現れる。このことは，花メリステム分化時に，*MP* がオーキシン作用の鍵因子として機能していることを示している。

以上のように，花メリステムの分化開始には，オーキシンの集積とそのシグナル伝達が必須である。

MP を介したオーキシン作用

オーキシンは，花メリステムのアイデンティティーの中心的制御遺伝子の1つである *LEAFY*（*LFY*）（6.1.2 参照）の発現を誘導する（図 6.1B）。この誘導には MP が関与しており，直接 *LFY* のプロモーターに結合しその発現を促進している。

MP は，*AINTEGUMENTA*（*ANT*）や *AINTEGUMENTA-LIKE6/PLETHORA3*（*AIL6/PLT3*）のような AP2 ドメインをもつ転写因子をコードする遺伝子の発現も直接誘導する（図 6.1B）。*lfy ant ail6* 三重変異体では，花の数が激減し，その形態も異常となる。また，不定形の構造をもつピン状の花茎を生じる場合もある。一方，わずかに花を生じる *mp* 変異体（機能低下の程度が弱いもの）において *LFY* と *ANT* とを同時に発現させると，その変異が部分的に回復する。これらのことから，*LFY*，*ANT*，*AIL6* は，MP を介してオーキシンによって活性化され，冗長的に花メリステムの分化開始を促進していると考えられている（図 6.1B）。

さらに，*LFY* は *PID* や *PIN1* などの発現を制御している。すなわち，オーキシンシグナリングと *LFY* の機能はポジティブフィードバック制御によって増強され，花メリステムの分化を強く推進している。

※ 6-1　*ARF* 遺伝子：オーキシンに応答する遺伝子の発現を制御する一群の遺伝子。転写因子をコードし，プロモーター領域にあるオーキシン応答因子に結合する。

6.1.2 花メリステムアイデンティティーの制御

花メリステムの性質は，花メリステムアイデンティティー（Floral Meristem Identity; FMI）遺伝子によって制御されている。シロイヌナズナでは，*LFY*, *APETALA1*（*AP1*），*CAULIFLOWER*（*CAL*）や *FRUITFULL*（*FUL*）遺伝子などが FMI 遺伝子であり，なかでも *LFY* が中枢的な役割を果たしている。

LFY 遺伝子

lfy 変異体では花が分化せず，その位置に葉（**茎生葉**，cauline leaf）を作り続ける花序を形成する（図6.2）。花序形成の後期になると花が形成されるようになるが，花器官は不完全で異常な形態をとる。

LFY は植物に特異的な転写因子をコードしており，花メリステム全体で発現している。*LFY* を構成的に発現させると，シュートの頂端部に花が形成されて，それ以降の成長が停止する。このような花のことを**頂花**（terminal flower）という。頂花の形成は，花序メリステムが花メリステムに転換していることを示しており，*LFY* は花メリステムのアイデンティティーを強く促進する重要な因子ということができる。

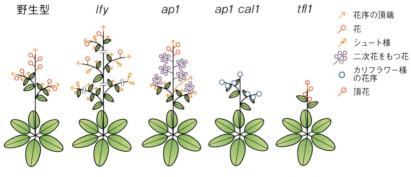

図 6.2 花と花序メリステムのアイデンティティーに関わる変異体の模式図
（Leyser and Day（2003）"Mechanisms in Plant Development" より改変）

AP1, *CAL*, *FUL* 遺伝子

　これらの3つの遺伝子は，互いによく類似したMADS転写因子をコードしている。第5章で述べたように，*ap1*変異体は花のホメオティック変異体の1つである。*ap1*変異体では，ホメオティック変異の他に，本来のがく片の内側に二次花を形成する表現型がよく見られる。二次花が形成されるということは，*ap1*変異体の花メリステムが部分的に花序メリステムの性質をもっていることを示している。一方，*ful*変異体では，果実（特にバルブ）の形が異常となる表現型を示すものの，雄蕊や心皮などの花器官はほぼ正常に分化する（7.2.3参照）。*cal*変異体の花には，顕著な異常は現れない。しかしながら，*ap1 cal*二重変異体や*ap1 cal ful*三重変異体は，花の代わりにメリステムがたくさん集積した表現型を示す(図6.2, 6.3)(コラム6.1参照)。これは，花序メリステムから生み出されたメリステムが花メリステムのアイデンティティーを獲得できずに，花序メリステムの状態でその生産が延々と続くことによってもたらされていると考えられている。成長のかなり後期になると，*ap1 cal*二重変異体では，心皮や雄蕊のような構造が現れることがあるが，*ap1 cal ful*三重変異体では花器官様の構造は全く現れない。したがって，*AP1*, *CAL*, *FUL*の3つの遺伝子は冗長的に花メリステムのアイデンティティーを決定していることになる。

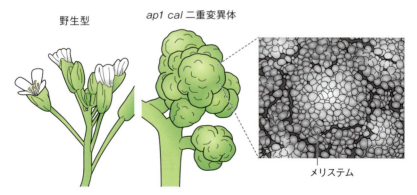

図6.3　*ap1 cal*二重変異体の花序の表現型
　右の図の楕円1つ1つが，メリステムを示している。

コラム 6.1　カリフラワー

　現在私たちが食料としている野菜，穀物，果物などの作物は，野生の植物から栽培化（domestication）されてきたものである。野菜の「カリフラワー」は *Brassica oleracea* var. *botrytis* というアブラナ科の植物種（野生種）に由来している。この野生種および「カリフラワー」においてシロイヌナズナの *CAL* 遺伝子のオーソログの塩基配列を調べたところ，両者の *CAL* オーソログは一塩基を除いて全く同一であった。その一塩基とは，「カリフラワー」のコード領域に終止コドンを生じるような塩基置換であった。すなわち，「カリフラワー」では *CAL* オーソログが機能を失うことによって，シロイヌナズナの *cal* 変異体と同様，本来花が形成される領域に花序メリステムが集積していると考えられる。私たちは，この多量に集積した花序メリステムを野菜として食しているのである。

　植物の発生や形態形成を制御する遺伝子は，作物の栽培化やその品種改良と密接に関連している。例えば，第3章で述べたように，トウモロコシでは *FEA2* 遺伝子が関与する花序メリステムのサイズ制御が，穀粒の列数に影響を与えている。トウモロコシはテオシンテ（teosinte）という野生種から栽培化されてきた。トウモロコシは主茎が太くほとんど二次シュートを形成しないのに対し，テオシンテは多くの二次シュートを形成するため，両者の植物形態（plant architecture）はかなり異なって見える。TCP ファミリーの転写因子をコードする *TEOSINTE BRANCHED1*（*TB1*）は腋芽の伸長を抑制しており，トウモロコシの *tb1* 変異体ではテオシンテのような多くの二次シュートが形成される。*TB1* はテオシンテではほとんど発現していないが，野生型トウモロコシの腋芽では強く発現している。したがって，トウモロコシの栽培化の過程で，*TB1* の発現が強い系統が選抜されてきたことになり，これがトウモロコシの植物形態へと反映されている。

　栽培化や品種改良の歴史は，形態形成に関わる遺伝子的変異（genetic variation）の人為選択の歴史でもある。

第6章　メリステムアイデンティティーと花と花序の発生機構

花成遺伝子と FMI 遺伝子

4.2 で述べたように，光周性による花成の促進には，*FT* と *FD* 遺伝子が主要な役割を演じている。FMI 遺伝子の発現には，この FT-FD の機能が密接に関与している。例えば，長日条件下で調べると，*lfy* 単独変異体ではそれほど大きな花成遅延が起こらないが，*ft lfy* あるいは *fd lfy* 二重変異体では，花成が大きく遅延し，花の代わりに葉を作り続ける。これは，*FT* や *FD* が，*LFY* とともに，*AP1* などの FMI 遺伝子の発現誘導に関わっていることを示唆している（図 6.4）。実際，FT-FD 複合体が *AP1* の発現を促進することが示されており，この制御は *AP1* 遺伝子に直接作用すると考えられている。また，*FUL* や *CAL* 遺伝子の発現も，FT-FD によって直接または間接的に正に制御されている。さらに，*FT* は間接的に *LFY* の活性化に関わることも示唆されている（図 6.4）。このように，FMI 遺伝子の発現開始には，FT や FD などの光周性による花成促進遺伝子も重要な役割を果たしている。

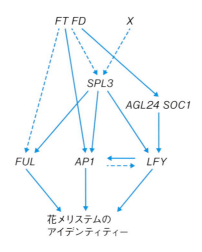

図 6.4　花メリステムのアイデンティティーを制御する遺伝子ネットワーク
実線矢印は直接制御を，破線矢印は間接制御を示す。
X は *SPL3* に作用する未同定の因子。

6.1 花メリステムの分化とそのアイデンティティーの確立

FMI 遺伝子間の相互作用

　花成誘導からほぼ1日後に，*LFY* は花メリステム全体で発現するようになり，*AP1* などの遺伝子は *LFY* よりも2日ほど遅れて発現する。また，*lfy* 変異体では *AP1* の発現量が低下することなどから，*AP1* は *LFY* の下流で機能すると推定された（図6.5）。その後の詳細な解析により，*LFY* が *AP1* の発現を直接正に制御することが明らかにされた（6.2.1 参照）。

　一方，*ap1 cal* や *ap1 cal ful* 変異体では，*LFY* の発現が低下しており，その低下の程度は後者の方が大きい。これは，*LFY* の発現が維持されるためにはこれら3つの遺伝子が必要なこと，花メリステムのアイデンティティーを獲得するためにはある閾値以上の *LFY* の発現量が必要であることを示している。したがって，*LFY* と *AP1* などとの**ポジティブフィードバック**（positive feedback）制御によってこれらの遺伝子の発現が維持され，この発現維持によって花メリステムのアイデンティティーが頑健に保証されることになる（図6.5）。

　最近，*SQUAMOSA PROMOTER BINDING PROTEIN-LIKE 3*（*SPL3*）遺伝子が，*LFY*, *AP1* および *FUL* の発現を制御していることが示された（図6.4）。SPL3 タンパク質は転写因子として，これら3つの遺伝子の発現制御領域に結合し，その発現を直接促進している。*SPL3* は FT 経路（第4章参

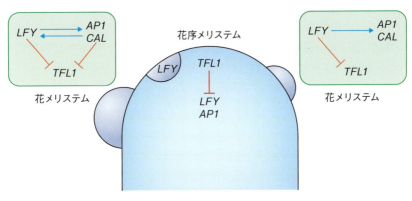

図6.5 花序と花メリステムにおける遺伝子間の相互作用
矢印は促進を，T字バーは抑制を示す。

照）によって発現誘導を受けているが，*AP1* や *FUL* の発現誘導に関しては，SPL3 経路と FT 経路とは独立であると考えられている。

6.1.3　花序メリステムと花メリステムの制御
TFL1 遺伝子
TERMINAL FLOWER1（*TFL1*）遺伝子の機能が喪失すると，実生の茎頂に花が形成される。これは，*LFY* の構成的発現体とよく似た表現型である。*tfl1* 変異体の頂端メリステムでは *LFY* が発現していることから，*tfl1* 変異体の頂花の形成は *LFY* の早期発現が原因と考えられる。*TFL1* は *FT* と同じ遺伝子ファミリーに属し，phosphatidylethanolamine binding protein（PEBP）に類似したタンパク質をコードしている（4.3.3）。TFL1 タンパク質は，FT と同様，FD と複合体を形成し，転写制御に関わることも知られている。

TFL1 と FMI 遺伝子との遺伝的関係
TFL1 は花序メリステムの基部付近で発現しているが，花メリステムでは発現していない。一方，*LFY* は花メリステムで強く発現しているが，花序メリステムでの発現はほとんど見られない。すなわち，*TFL1* と *LFY* は発生段階に応じて，互いに排他的な発現パターンを示す。*TFL1* の過剰発現体では，*LFY* や *AP1* の発現遅延が引き起こされる。これらの実験事実は *TFL1* が *LFY* や *AP1* の発現を抑制していることを示している。

一方，*lfy ap1 cal* や *ap1 cal ful* 変異体では，*TFL1* が異所的に発現している。逆に，*LFY* や *AP1* の過剰発現体では，*TFL1* の発現が低下する。また，LFY や AP1 が *TFL1* のプロモーターに結合することも示されている。したがって，*LFY* や *AP1* は *TFL1* の発現を直接負に制御していると考えられる。

以上をまとめると，*TFL1* と *LFY*，*AP1* は，その発現を互いに負に制御し合っていると考えられる。花序メリステムでは，*TFL1* が *LFY* や *AP1* の発現を抑制しており，花メリステムへの転換が阻止されている（図 6.5）。花序メリステムから分化した花メリステムでは，*LFY* や *AP1* の発現が上昇

し，花メリステムのアイデンティティーを促進すると同時に，*TFL1* の発現を抑制することにより花序メリステムの性質を抑えている（図 6.5）。このようにして，花メリステムのアイデンティティーが獲得され，その性質が維持されるようになるのである．

6.2　ABC 遺伝子の発現誘導と制御

花メリステムのアイデンティティーが確立すると，ABC 遺伝子が活性化され，各花器官への分化が開始する．この ABC 遺伝子の活性化にも，*LFY* が中心的な役割を果たしている．

6.2.1　*AP1* と *SEP3* の発現誘導

AP1 遺伝子

花メリステムでは，*LFY* の発現が先行し，LFY によって *AP1* の発現が直接誘導される．LFY による *AP1* の直接的な誘導は，エレガントな分子生物学的手法で示されている．*lfy* 変異体では，*AP1* の発現は野生型よりもかなり遅れる．しかし，DEX 誘導系（コラム 6.2 参照）を用いて，*lfy* 変異体で LFY タンパク質の機能を誘導すると，野生型と同じように *AP1* が発現するようになる．この時，タンパク質合成阻害剤であるサイクロヘキシミド（cycloheximide）を加えておいても，*AP1* は誘導される．この結果は，*AP1* の誘導には新たなタンパク質の合成を必要としないこと，すなわち，LFY は他のタンパク質因子を介さずに *AP1* を直接誘導することを強く示している．実際，LFY が *AP1* プロモーターに直接結合することも確認されている．

AP1 は初期には花メリステム全体で発現し，そのアイデンティティーを制御する．この初期の作用の中には，栄養成長期で発現する遺伝子や花成誘導に関わる遺伝子の抑制なども含まれている．その後，*AP1* の発現はウォール 1 と 2 に限定されるようになり，がく片や花弁のアイデンティティーの決定などの機能を担うようになる（5.1 参照）．

第6章　メリステムアイデンティティーと花と花序の発生機構

SEP3 遺伝子

　LFY と *AP1* は，ポジティブフィードバックにより互いの発現を維持する（6.1.2）とともに，*SEPALLATA3*（*SEP3*）遺伝子の発現を誘導する（図 6.6）。*SEP3* は，花成誘導にかかわってきた *SOC1* や *AGL24* などの遺伝子を抑制する。ゲノムワイドな解析により，AP1 と SEP3 は数千の遺伝子の発現調節領域に結合し，その発現を制御することも示されている。この中には数多くの転写因子をコードする遺伝子やホルモン制御に関わる遺伝子が含まれていることから，*AP1* や *SEP3* は花器官形成を制御する遺伝子ネットワーク

> **コラム 6.2　DEX 誘導系**
>
> 　dexamethasone（DEX）という薬剤を投与することにより，外来遺伝子の機能を誘導する実験系のこと。この実験系には，動物ホルモンの1つグルココルチコイド（glucocorticoid）受容体のホルモン結合部位（hormone binding domain, HBD）が用いられる。機能を調べたい転写因子 X とこの HBD との融合タンパク質を植物細胞内で発現させると，HBD の作用により転写因子 X は核に移行できず，機能を果たすことができない。ここに，グルココルチコイドのアナログである DEX を投与すると，HBD に結合してタンパク質の高次構造変化を引き起こす。すると，融合タンパク質は核へ移行し，転写因子としての機能を果たすことができるようになる。このように，不活性のタンパク質を発現させておき，DEX を投与することによりそのタンパク質の機能を復活させるのが，DEX 誘導系である。
>
> 　DEX 誘導系で目的とする転写因子 X を機能させるためには，新たなタンパク質合成を伴わなくてもよい。すなわち，タンパク質合成阻害剤のサイクロヘキシミド存在下でも，その転写因子 X は機能する。遺伝子 Y が直接転写因子 X によって制御されているかどうかは，サイクロヘキシミドの有無により遺伝子 Y が発現するかどうかを調べればよい。遺伝子 Y がサイクロヘキシミド存在下でも発現する場合には，遺伝子 Y は転写因子 X によって直接制御されていることになり，発現しない場合には第2の転写因子（機能するためにはそのタンパク質合成が必要）が介在していることになる。このような解析が行えるのも，DEX 誘導系の利点である。

6.2 ABC 遺伝子の発現誘導と制御

の鍵因子であると考えられている。

6.2.2 クラス B 遺伝子の発現制御

初期の発現誘導

LFY は *APETALA3*（*AP3*）や *PISTILLATA*（*PI*）などのクラス B 遺伝子のプロモーターに結合し，直接その発現を正に制御している。また，SEP3 もこれらの遺伝子の発現を促進している（図 6.6）。

クラス B 遺伝子の適切な発現には，これらに加えて，*UNUSUAL FLORAL ORGANS*（*UFO*）遺伝子が必要とされる（図 6.6）。UFO は主にウォール 2 とウォール 3 で発現しており，*ufo* 変異体では *AP3* や *PI* の発現が低下し，クラス b 変異体に類似した花を生じる。また，*UFO* を構成的に発現させると，*AP3* と *PI* を同時に発現させたときと同じような表現型になる。例えば，*UFO* の構成的発現体では，*AP3* と *PI* がウォール 1 で異所的に発現しており，がく片が花弁へと変化する。これらのことから，UFO はクラス B 遺伝子の発現に必要であることが推定される。一方，UFO の構成的発現の効果は *lfy* 変異体では現れないため，UFO が機能するためには，LFY が必要である。実際，UFO と LFY タンパク質は物理的に相互作用し，

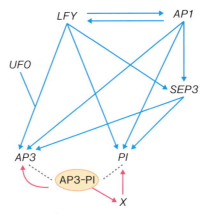

図 6.6　クラス B 遺伝子（*AP3*, *PI*）の発現を制御する遺伝子ネットワーク
矢印は正の遺伝子作用，ピンクの矢印は自己制御，破線はダイマー形成を示す。

第6章 メリステムアイデンティティーと花と花序の発生機構

UFO が LFY の補助因子としてはたらくことも示唆されている。*UFO* はタンパク質のユビキチン化にはたらく F ボックスタンパク質をコードしており，タンパク質の特異的な分解を通して，*AP3* の発現誘導に関わっているらしい。

自己制御系による発現の維持

AP3 と PI はヘテロダイマーを形成し，*AP3* と *PI* 自身の発現を促進する (図6.6)。すなわち，いったん *AP3* と *PI* の発現が誘導されると，これら2つの遺伝子は**自己制御**（autoregulation）により，自分自身の発現を維持することになる。AP3-PI ヘテロダイマーは，直接 *AP3* プロモーターに結合してその発現を促進するが，*PI* については，第2の因子を介した間接的な制御と考えられている。

6.2.3 クラス C 遺伝子の発現制御

AG の発現誘導

AGAMOUS（*AG*）遺伝子の発現制御には，*LFY* に加えて，*WUSCHEL*（*WUS*）が重要な役割を果たしている。*AG* の発現制御領域はプロモーターではなく長い第2イントロンであり，この第2イントロン内には LFY と WUS が結合するシス配列が近接して存在している (図6.7)。この2つの転写因子は，これらの配列に結合して *AG* の発現を促進する (図6.7, 6.8)。

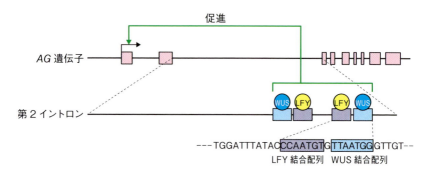

図 6.7　*AG* 遺伝子の発現制御領域
　　上段のボックスはエクソンを，横線はイントロンなどを示す。薄いブルーのボックスは WUS の，薄紫色のボックスは LFY の結合部位を示す。

酵母を用いた転写活性の解析では，LFY と WUS はそれぞれ単独で *AG* の発現を促進するが，両者が共存すると相乗的に *AG* の発現を上昇させることが示されている。

bZIP 型転写因子 PERIANTHIA（PAN）も第2イントロンに結合し，*AG* の発現を正に制御している（図 6.8）。*pan* 変異体では花弁などの花の器官数が増加する。この変異は幹細胞の負の制御が部分的に損なわれたためであり（6.3 参照），これは *AG* の発現低下に起因していると考えられている。興味深いことに，*pan* の変異体は長日条件下では花器官数の増加が見られるのみであるが，短日条件下ではこれに加えて *ag* 変異体の花のような有限性が損なわれた表現型が現れる。

AG の発現抑制

AG の発現は，*LEUNIG*（*LUG*）や *SEUSS*（*SEU*）などの遺伝子によって，負に制御されている（図 6.8）。たとえば，*lug* 変異体では，ウォール1やウォール2で *AG* が異所的に発現し，それぞれ，心皮様あるいは雄蕊様の器官が形成される。*lug seu* 二重変異体では，この表現型が昂進されることから，*LUG* と *SEU* は類似した機能を担っていると考えられる。したがって，野生型では，*AG* の発現は外側の2つのウォールで *LUG* と *SEU* によって抑制されていることになる。LUG と SEU タンパク質は，DNA に結合す

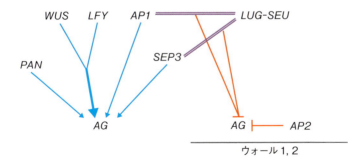

図 6.8　*AG* 遺伝子の発現を制御する遺伝子ネットワーク
　　矢印は正の遺伝子作用を，T字バーは負の作用を，紫色の二重線はタンパク質複合体の形成を示す。

るようなドメインをもたず，転写抑制の共同因子（co-factor）としてはたらいている。

ap1 lug あるいは *ap1 seu* 二重変異体を作製すると，*lug* や *seu* の変異が昂進され，遺伝的な相乗効果が現れる。また，生化学的な解析によって，LUG-SEU-AP1 や LUG-SEU-SEP3 のようなタンパク質複合体が形成されること，これらが *AG* の第2イントロンと結合すること，*AG* の転写活性を阻害することなどが示されている。これらの実験結果から，AP1 と SEP3 は *AG* の第2イントロンの特定の配列に結合し，LUG と SEU をその領域に近づけることにより，*AG* の発現を抑制していると考えられている。すなわち，AP1 と SEP3 は，LUG や SEU と複合体を形成することにより，DNA 結合能をもたないこれらの**転写抑制共同因子**（transcriptional co-repressor）を特定の遺伝子（*AG*）に呼び込むはたらきをしていることになる。ただし，どのような機構で，この発現抑制がウォール1とウォール2に限定されるようになるのかは，まだ解明されていない。

AP1 と SEP3 は，*AG* の転写活性化にも関わっている。例えば，*SEP3* を構成的に発現させるとがく片が心皮様に転換するが，これは *AG* がウォール1で異所的に発現することに起因している。したがって，AP1 や SEP3 は，相互作用するタンパク質に依存して，転写の活性化と抑制の2つのはたらきをしていることになる。

以上は花メリステムの初期に起こるイベントであるが，発生が進んでも，*AG* はウォール1とウォール2でその発現が抑制され続ける。この抑制には，*APETALA2*（*AP2*）などの作用が必要である（5.2.2 参照）。

6.3　花メリステムの有限性の制御機構

6.3.1　*AG* 遺伝子による有限性の制御

メリステムの有限性と無限性

茎頂メリステムは，数が定まっていない数多くの葉を作り出す。同様に，花序メリステムは花メリステムを無限に産生する潜在能力をもっている。こ

6.3 花メリステムの有限性の制御機構

れに対し，花メリステムから形成される花器官の数は一定である。このような性質はメリステムにおける幹細胞の維持と密接に関わっている。茎頂や花序メリステムでは，幹細胞は自己複製による増殖と器官形成に使われる細胞とのバランスが常に維持されている（3.1.2 参照）。これに対し，花メリステムでは，幹細胞は心皮が形成される際にすべて消費しつくされてしまい，完成した花では幹細胞は消失する（メリステムの終結 termination）。茎頂や花序メリステムのような性質を**無限性**（indeterminate），花メリステムの性質を**有限性**（determinate）という。本節では，花メリステムの有限性の制御機構について解説する。

AG と *WUS* の作用

第5章で述べたように，*ag* 変異体は，がく片 – 花弁 – 花弁を繰り返す無限性の花を生じる（5.1.2）。幹細胞アイデンティティーの促進因子である *WUS* の発現を調べると，野生型では心皮形成後にはその発現が検出されなくなるのに対して，*ag* 変異体ではその時期になっても *WUS* の発現は持続していた。この結果は，*WUS* の発現持続が *ag* 変異体におけるメリステムの無限性と関連していること，野生型の花の発生後期では *AG* が *WUS* の発現を抑制していることなどを示唆している。

一方，*AP3* や *LFY* のプロモーターを用いて *WUS* を異所的に発現誘導した研究から，*WUS* の異所発現がメリステムの無限性を引き起こすこと，*WUS* は *AG* の発現を誘導することなどが明らかになった。また，*LFY* の機能が失われた変異体では，*WUS* は *AG* の発現を誘導することができないことから，*AG* の発現誘導には *LFY* が必要であることも示された。さらに，前述したように（6.2.3），生化学的な研究から，WUSとLFYは *AG* の第2イントロンに結合し，相乗的にその発現を促進することも明らかにされてきた。

AG の発現誘導とメリステムの有限性

これらの研究から，花メリステムの有限性を制御する以下のようなモデルが考案された（図 6.9A）。

(i) 初期の花メリステムでは *WUS* が幹細胞の増殖を促進している（ステージ 1-2）。

第6章 メリステムアイデンティティーと花と花序の発生機構

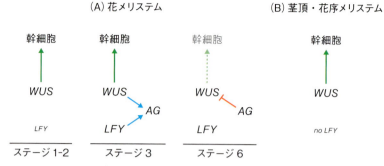

図 6.9　幹細胞の維持を制御する遺伝子作用
ブルーの矢印は発現誘導を，赤のT字バーは抑制を，
緑の矢印は幹細胞アイデンティティーの促進を示す．

(ii) 花メリステムのアイデンティティーが確立し *LFY* の活性が高くなると，*LFY* と *WUS* は *AG* を誘導する（ステージ3）．
(iii) 後期（ステージ6）になると，*AG* が *WUS* を抑制するようになり，幹細胞増殖が停止し，メリステムは有限となる．

これに対し，茎頂メリステムや花序メリステムでは，*LFY* はほとんど発現していない．したがって，*AG* が誘導されることはないので，幹細胞は常に維持されることになる（図 6.9B）．すなわち，メリステムの有限性と無限性の違いの発端は，*AG* が誘導されるか否かに依存している．

6.3.2　*WUS* の発現抑制メカニズム

KNUCKLES（*KNU*）遺伝子

AG は *WUS* の発現を直接抑制するわけではない．*AG* と *WUS* の間には，転写抑制因子をコードしている *KNU* 遺伝子が介在している．

knu 変異体では，心皮の内部に二次的心皮や雄蕊が形成され，花メリステムの有限性が部分的に失われたような表現型を示す．また，心皮が形成される頃になっても，*WUS* の発現が持続している．一方，*knu* 変異体において人為的に *KNU* を発現誘導すると，*WUS* の発現が抑制され，メリステムが早期に終結する．以上の結果から，*KNU* は *WUS* の発現抑制とメリステム

の終結に必要であることが明らかになった。

　一方，*ag* 変異体では *KNU* は発現していない。この変異体で *AG* を人為的に発現誘導すると *KNU* の発現が検出されるようになる。また，*KNU* のプロモーター領域に AG タンパク質が結合することなどから，*AG* は *KNU* の発現を直接正に制御していることが判明した。さらに，*ag* 変異体において *KNU* を発現させると，*ag* の無限性の花の表現型が救済された。これらの結果は，*KNU* は *AG* による *WUS* の発現抑制を仲介し，一度 *KNU* が発現すれば，その作用には *AG* は必要とされないことを示している。

　以上をまとめると，花の発生初期に *AG* は *KNU* の発現を直接誘導し，*KNU* は *WUS* の発現を抑制するようになる。その結果，幹細胞の自己複製は起こらなくなり，メリステムは有限となる。

WUS の抑制遅延

　6.1.2 で述べたように，*ap1 cal* 二重変異体では，花メリステムのアイデンティティーを獲得することができず，延々と花序メリステムを作り続ける。この二重変異体において，*AP1* 遺伝子を人為的に発現誘導すると，花序メリステムが花メリステムへと転換する。これは，花メリステムにおける遺伝子の発現や発生イベントの時間経過を追跡するのに優れた実験系である。以下に述べる *KNU* の発現誘導や *WUS* の抑制のタイミング，エピジェネティックな制御は，この優れた実験系を用いて解明された。

　ap1 cal 二重変異体で *AP1* の発現を誘導すると，1 日後に *AG* の発現上昇が認められる（図 6.10）。しかしながら，*KNU* の発現が上昇し，*WUS* の発現が低下するのは，そのさらに 2 日後になってからである（図 6.10）。すなわち，*AG* の活性化と，*KNU* の発現上昇や *WUS* の発現低下との間にはタイムラグがある。*AG* は雄蕊や心皮の分化を制御しているので，*AG* の発現開始後に直ちに幹細胞が消失すると，これらの器官分化が阻害されてしまう。したがって，*AG* の活性化と *WUS* の発現低下の間のタイムラグの存在は，理にかなっている。それでは，このタイムラグはどのように制御されているのであろうか？

第6章 メリステムアイデンティティーと花と花序の発生機構

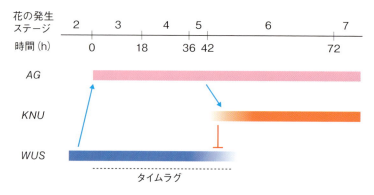

図 6.10 花の発生過程における WUS, AG および KNU 遺伝子の発現タイミング
横軸の時間は，AG の発現が誘導されてからの時間経過を示す（ap1 cal 変異体の実験系では，その約 24 時間前に AP1 の発現誘導が行われている）。矢印は発現誘導を，T 字バーは抑制を示す。(Sun *et al.* (2009) Genes Dev. より改変)

KNU の発現誘導のエピジェネティック制御

KNU が発現するとまもなく *WUS* の発現は低下するので，このタイムラグは *KNU* の発現遅延の結果である。この *KNU* の発現遅延にはエピジェネティック（epigenetic）制御が関係している。

一般に，ヒストン H3 の 9 番目や 27 番目のリシン残基（K9 や K27）がメチル化修飾を受けると，クロマチン構造の変化を通して遺伝子発現が抑制される。細胞分裂時に DNA が複製されたときには，新たに取り込まれるヒストンは未修飾の状態であるが，polycomb group（PcG）と呼ばれるタンパク質群の複合体などの作用によって，直ちにメチル化修飾が起こる。すなわち，PcG 複合体は，細胞分裂時にヒストンのメチル化状態を維持するはたらきをしている。

花の発生初期には，*KNU* の転写開始点付近やタンパク質のコード領域（gene body）に結合しているヒストン H3 はメチル化修飾（K27me3）を受けており，*KNU* の発現は抑制されている。*KNU* のプロモーターのやや上流域には，AG タンパク質と PcG 複合体の両者が結合する PRE 配列が存在する（図 6.11）。*KNU* 遺伝子のヒストンのメチル化維持には，この PRE 配列に PcG が結合していることが必須である。

6.3 花メリステムの有限性の制御機構

KNU の発現誘導は以下のようなステップを踏む。

(i) 花の発生初期には，PRE 配列に PcG 複合体が結合しており，*KNU* 遺伝子領域のヒストン H3 のメチル化状態は維持されている（図 6.11A）。

(ii) *AG* が発現すると AG タンパク質はこの PRE 配列に競合的に結合し，PcG 複合体を追い出してしまう。しかし，この時点では，ヒストン H3 はまだメチル化修飾を受けているため，*KNU* 遺伝子の発現は抑制されたままである（図 6.11B）。

(iii) *KNU* 遺伝子には PcG 複合体が結合していないため，細胞分裂の際に複製された DNA に取り込まれるヒストン H3 は，メチル化修飾を受けることはない．2 度の細胞分裂を経過した頃になると，メチル化修飾されたヒストン H3 が希釈されるため，エピジェネティックな発現抑制は解除される．こうして，*KNU* の発現が開始するようになる（図 6.11C）。

2 度の細胞分裂に必要な期間が，*AG* の発現開始から *WUS* の抑制までの 2 日間のタイムラグに相当する（図 6.10）．このように，細胞分裂に伴うヒ

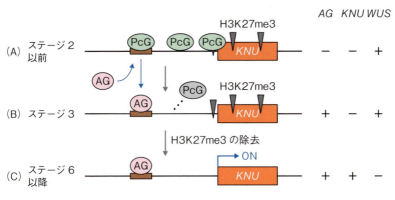

図 6.11 *KNU* 遺伝子の発現制御を示す模式図
AG, AG タンパク質；PcG, PcG 複合体．茶色のボックスは PRE 配列，グレーのくさびはヒストンのメチル化修飾を示す．図の右の＋と－は，各遺伝子の発現の有無を示す．(Sun *et al.*（2014）Science より改変)

第6章 メリステムアイデンティティーと花と花序の発生機構

ストンH3のメチル化修飾の除去のしくみは，*KNU*遺伝子の発現遅延のための一種のタイマーとしてはたらいている．

メリステムの有限性と無限性の制御（まとめ）

*WUS*は幹細胞アイデンティティーを正に制御するが，*CLV*などの作用により適度にその発現が制御されている．茎頂メリステムや花序メリステムでは，このWUS-CLVネガティブフィードバック制御機構により，幹細胞の恒常性が維持され，その数はほぼ一定に保たれている（第3章参照）．その結果，メリステムは常に維持されていることになる（メリステムの無限性）．

花メリステムでは，*WUS*は*LFY*と協調して*AG*の発現を誘導する．*AG*は*KNU*の発現を誘導することができる．ただし，AGが*KNU*プロモーターに結合しても，*KNU*はヒストンのメチル化により発現が抑制されているため，直ちに発現することはない．細胞分裂を2度程度経ることにより，*KNU*を負に制御していたメチル化修飾が希釈されると，*KNU*遺伝子は発現を開始する．KNUは*WUS*に直接作用し，その発現を抑制する．*WUS*の発現が抑制されると，幹細胞は分裂を停止し，最終的に消失する（メリステムの有限性）（図6.12）．

*LFY*は花メリステムのアイデンティティーを決定するとともに，*AG*など花器官アイデンティティーを決定する遺伝子の発現を誘導する．この*AG*の誘導が，無限性のメリステムを有限性に転換する引き金となる．*AG*は*KNU*を介して*WUS*を抑制するが，その抑制のタイミングは*KNU*のエピジェネティックな抑制の解除に依存しているのである（図6.11）．

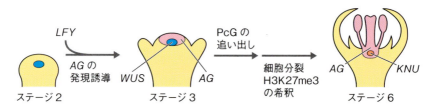

図6.12 花メリステムの有限性の制御の模式図
　　　青は*WUS*の，ピンクは*AG*の，赤は*KNU*の発現領域を示す．

コラム6.3 メリステムの転換・有限性と花序形態

トウモロコシの雌性花序（ear）では，花序メリステム（inflorescence meristem; IM）が2個の小穂対メリステム（spikelet pair meristem; SPM）を，小穂対メリステムは2個の小穂メリステム（spikelet meristem; SM）を，小穂メリステムは2個の小花メリステム（floret meristem; FM）を分化する（下図参照）。一方，雄性花序（tassel）では，花序メリステムは不定数のブランチメリステム（branch meristem; BM）を分化する。花序およびブランチメリステムは，雌性花序と同様の順序で，小穂および小花メリステムを形成する（雄性花序では，2つの小花とも正常に発生するのに対し，雌性花序では基部の小花が退化する（8.2.2参照））。このように，トウモロコシの花序が形成される際にはいくつかのタイプのメリステムを経由するため，そのしくみは非常に複雑である。このメリステムの転換のタイミングや有限性が損なわれると，花序の形態が異常となる。

例えば，*ramosa*（*ra*）と命名された一連の変異体（*ra1-ra3*）では，雌性花

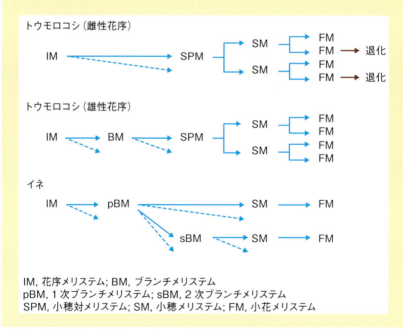

IM, 花序メリステム; BM, ブランチメリステム
pBM, 1次ブランチメリステム; sBM, 2次ブランチメリステム
SPM, 小穂対メリステム; SM, 小穂メリステム; FM, 小花メリステム

第6章 メリステムアイデンティティーと花と花序の発生機構

序にブランチが生じたり，雄性花序のブランチ数が増加したりする。これらの表現型から，*RA1*〜*RA3*遺伝子は，本来，小穂対メリステムがブランチメリステムになるのを抑えていると考えられている。また，*INDETERMINATE SPIKELET1*（*IDS1*）などの遺伝子機能が喪失すると，小穂メリステムは過剰な小花メリステムを生じるようになる。これらの遺伝子の欠損は，本来有限個のメリステムを生じるメリステムの性質が損なわれた結果だと考えられており，トウモロコシの研究分野では「有限性の喪失」として報告されている。（有限個のメリステムであっても，小穂対メリステムや小穂メリステムは幹細胞を保持している。したがって，この有限性の定義は，シロイヌナズナにおいて幹細胞の有無から定義される有限性・無限性とは異なっている。）

　イネにおいては，花序メリステムがブランチメリステムを，ブランチメリステムが小穂メリステムを，小穂メリステムが1個の小花メリステムを分化する。ブランチメリステムは最終的に小穂メリステムに転換し，ブランチの先端にも小穂（小花）が形成される。この小穂メリステムへの転換が遅ければ長いブランチが形成され，多くの小穂が分化する。一方，その転換が早ければブランチは短くなる。すなわち，ブランチメリステムから小穂メリステムへの転換のタイミングは小穂の数，すなわち，種子の数を制御していることになる。*TAWAWA1*（*TAW1*）遺伝子の発現量が高くなる機能獲得型の変異体では，ブランチの長さが長くなる。すなわち，*TAW1*は，ブランチメリステムが小穂メリステムへと転換するのを適度に調節しているのである。

第7章　生殖器官の形態形成

　ABC遺伝子などの花器官アイデンティティーを決定する遺伝子の役割は，メリステムの側生領域で，花弁や雄蕊，雌蕊などが分化するための細胞の運命を決定することである（第5章）。細胞運命が決定されると，各花器官の原基は突起状の構造物として現れ，それぞれ独自の形態をもつ花器官へと分化する。

　第5章で述べたように，花器官は葉が変形したものである。花弁やがく片は平面的器官であり，その形態は葉から大きく変化しているわけではない。一方，雄蕊や雌蕊は円筒状であり，葉の平面的な形態とは大きく異なる。また，その内部にタイプの異なる細胞や組織が分化し，最終的に複雑な構造が構築される。このような，雄蕊や雌蕊の形態形成はどのように制御されているのであろうか？　本章では，花器官として雄蕊と雌蕊を取り上げ，その形態形成の制御機構について解説する。

7.1　雄蕊の形態形成

7.1.1　雄蕊の構造

　雄蕊は，**葯**（anther）と**花糸**（filament）から構成される（図7.1）。葯は通常4つの**花粉嚢**（pollen sac）をもち，その中に**花粉**（pollen）を分化する。基部には棒状の花糸が形成され，葯と**花托**（receptacle）とをつないでいる。

　葯には**半葯**（theca）という構造単位があり，2つの花粉嚢が1つの半葯を構成する。半葯内の花粉嚢の間には，**ストミウム**（stomium）という組織が分化する。成熟するとこの部分が細胞死を起こし裂開することにより，花粉が放出される。2つの半葯は**葯隔**（connective）という組織によって連結されており，この中には維管束（vascular bundle）が分化している。花糸は棒状の器官であり，内部に維管束が走っており，葯隔の維管束とつながっ

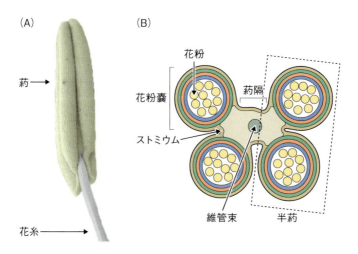

図 7.1 雄蕊の構造
(A)イネの雄蕊。走査型電子顕微鏡像を疑似カラーで着色。(B)葯の横断面の模式図。葯は 2 つの花粉嚢からなる半葯が葯隔によって結合している(写真提供:鳥羽大陽)。

ている。

　このように,雄蕊は筒状の葯と棒状の花糸から構成されている。雄蕊は葉が変形したものであるとするならば,どのようなメカニズムによってこのような形態が構築されるのであろうか? 結論からいうと,雄蕊の形態形成には,葉の**向背軸極性**(adaxial-abaxial polarity)に関わる遺伝子が大きな役割を果たしている。そこで次項では,まず,向背軸極性を決定する機構について,簡単に解説する。

7.1.2　葉の向背軸極性の制御
葉の向背軸極性の確立と平面成長
　葉などの側生器官が分化するとき,メリステムに向かっている面を**向軸**側(adaxial),その反対側を**背軸**側(abaxial)という(図 7.2A)。葉ではこの**向背軸**(adaxial-abaxial axis)にしたがって,種々の細胞が分化する。例えば,気孔を形成する孔辺細胞は主に背軸側表皮に形成される。また,葉肉組織では,向軸側に柵状組織が背軸側に海綿状組織が分化し,維管束では,向軸側

に木部が背軸側に篩部が分化する

　キンギョソウでは，向軸側アイデンティティーを決定する遺伝子として *PHANTASTICA*（*PHAN*）遺伝子が知られている．この遺伝子が機能を失うと，背軸側表皮のみをもつ**放射対称**（radial symmetry）の棒状の葉へと変化し（図7.2B），内部では木部を取り囲むように篩部が形成される．放射対称の葉の形成は平面成長が阻害された結果である．この研究から，「葉が平面成長するためには向背軸極性が確立し，向軸側と背軸側の領域が併置されることが必要である」という重要な概念が提唱された．

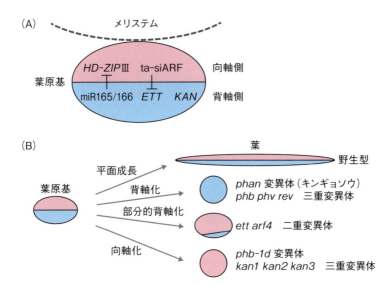

図7.2　葉の向背軸アイデンティティーの決定
　（A）シロイヌナズナにおける葉の向背軸極性を制御する遺伝子と小分子RNA．ピンクは向軸側，ブルーは背軸側を示す．HD-ZIPIIIファミリーには，*PHB*, *PHV*, *REV*などの遺伝子が含まれる．*KAN*遺伝子ファミリーは，*KAN1*〜*KAN4*の4つの遺伝子で構成される．（B）遺伝子の機能欠損（または獲得）と葉の向背軸極性の喪失．キンギョソウの*phan*以外はシロイヌナズナの変異体．*PHB*，*PHV*と*REV*遺伝子は冗長的にはたらくため，単独変異体ではほとんど表現型が現れないが，三重変異体を作製すると葉はほとんど向軸側アイデンティティーを失い背軸化する．*phb-1d*アレルは，miR165/166のターゲット配列に変異があるため，これらのマイクロRNAを介した分解を受けない．そのため，PHBタンパク質は本来の背軸側でも発現し，葉全体を向軸化する．

シロイヌナズナの葉の向背軸極性に関わる遺伝子

シロイヌナズナでは，向軸側のアイデンティティーはHD-ZIPIIIファミリーに属する*PHABULOSA*（*PHB*）などの遺伝子により，背軸側のアイデンティティーは*ETTIN*（*ETT*）や*KANADI*（*KAN*）などの遺伝子によって決定されている。これらの遺伝子はいずれも転写因子をコードしており，*KAN*を除いて，マイクロRNA（miRNA）やtrans-acting small interfering RNA（ta-siRNA）などの**小分子 RNA**（small RNA）による負の制御を受けている（図7.2A）。このうちmiRNA165/166は*PHB*などの*HD-ZIPIII*遺伝子のmRNAを向軸側のみに限定するように制御し，ta-siRNA（ta-siARF）は*ETT*や*ARF4*遺伝子のmRNAを背軸側に限定させるように制御している。その結果，*HD-ZIPIII*遺伝子が向軸側アイデンティティーを，*ETT*や*ARF4*が背軸側のアイデンティティーを決定することになる。

これらの制御が異常となり，向背軸極性の確立が完全に阻害されると，棒状の葉が生じる（図7.2B）。したがって，キンギョソウの*PHAN*遺伝子の研究により提唱された概念は，被子植物一般に適用されると考えられる。すなわち，向軸側と背軸側の境界領域において，側方への細胞増殖が起こり葉は平面成長するのである。

7.1.3 雄蕊のパターン形成と向背軸の極性制御

葯の発生と向背軸極性の確立

雄蕊の形態形成のメカニズムは，イネの向背軸極性に着目した研究により，その理解が進んできた。

まず，葯の発生過程では，向背軸極性が大きく転換する。向軸側マーカーとして*OsPHB3*遺伝子の，背軸側マーカーとして*OsETT1*遺伝子の発現を調べると，ごく初期には，雄蕊原基の向軸側と背軸側でそれぞれ発現している。しかし，まもなくその発現が大きく変化し，それぞれ2か所で検出されるようになる（図7.3A）。完成した葯を考えると，*OsPHB3*は半葯内の花粉嚢と花粉嚢の間に相当する領域で，*OsETT1*は半葯と半葯の間で発現していることになる。この結果は，初期には雄蕊原基を単位として確立した向

背軸極性が，半葯を単位として再構成されたものと解釈できる。この向背軸極性の転換後には，半葯単位で葯の発生が進行する。1つの葯は逆向きの向背軸極性をもつ半葯が背中合わせで形成されると考えることができる。

shl2-rol 変異体

向背軸極性の制御が葯の発生に重要な役割を果たしていることは，葯の形態が異常となったイネの *shootless2-rol*（*shl2-rol*）変異体の解析からもわかる。*shl2-rol* 変異体の葯の異常は，主に，葯の完全欠失（花粉嚢形成なし），一方の半葯の欠失（2つの花粉嚢形成），花粉嚢の向軸側への偏り（4つの花粉嚢形成），の3つのパターンに分けられる（図7.3B）。奇数の花粉嚢形成

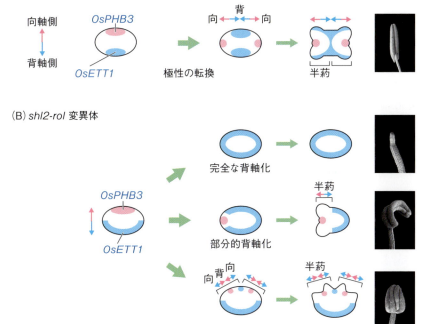

図7.3 向背軸極性の確立と葯の分化
　(A) 野生型の葯の分化パターン。(B) *shl2-rol* 変異体の葯の分化パターン。ピンクは *OsPHB3* の，ブルーは *OsETT1* の発現領域を示し，それぞれ向軸側と背軸側のアイデンティティーをもっている。(Toriba *et al.*（2010）Plant Cell より改変)

や半葯間の異常などは見られないことから，半葯が発生の単位となっていることが発生学的にも確認される。

shl2-rol 変異体で向背軸マーカーを調べると，図7.3Bのようになる。花粉嚢が向軸側に偏る場合には，雄蕊原基では背軸側に広く *OsETT1* が発現しており，半葯が1つ欠失する場合には，その発現範囲はさらに拡大している。葯の完全欠失が起こる場合には，本来の葯の部分も放射対称になり，*OsETT1* が全体で発現する。したがって，*shl2-rol* 変異体では，雄蕊原基が部分的あるいは完全に背軸化することにより，葯の形態異常が引き起こされていると考えられる。*shl2-rol* 変異体の原因遺伝子が同定された結果，ta-siRNA 合成系の遺伝子に弱い変異が起きていることが判明した（コラム7.1参照）。つまり，この変異体では，発生中の葯の向軸側で ta-siRNA が関与する *OsETT1* mRNA の分解が起こらなく（あるいは，弱く）なり，背軸側領域が拡大するのだと推定される。

雄蕊のパターン形成

雄蕊の発生中期になると，向軸側と背軸側にはさまれた領域が細胞分裂を繰り返して隆起し，将来花粉嚢が分化するようになる（図7.4）。この花粉嚢の分化のパターンは，葉の発生において，向軸側と背軸側の境界領域が細胞増殖をし，平面成長することと類似している（図7.2B; 図7.4）。

一方，野生型の花糸部分を調べると，*OsETT1* が全体で発現し，*OsPHB3* の発現は全く検出されない。すなわち，花糸は完全に背軸化されていると解釈できる（図7.4）。これは，キンギョソウの *phan* 変異体の葉において，向軸側アイデンティティーが完全に失われると背軸化した棒状の葉が形成されることと類似している（図7.2B）。*shl2-rol* 変異体の雄蕊では花糸にはほとんど異常が見られない。これは，野生型でも花糸が完全に背軸化されているので，背軸性が強まった変異体でも影響が出ないためであると考えられる。

このように，雄蕊のパターン形成には，向背軸極性の制御機構が巧妙にはたらいている。すなわち，先端部では発生初期に半葯単位の向背軸極性が確立し，2つの半葯が背中合わせに分化する。そして，向軸側と背軸側にはさ

7.1 雄蕊の形態形成

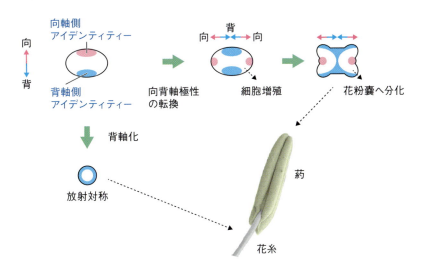

図 7.4 雄蕊のパターン形成
ピンクは *OsPHB3* の，ブルーは *OsETT1* の発現領域を示し，それぞれの領域は向軸側と背軸側のアイデンティティーをもっている。(Toriba *et al.*(2010) Plant Cell より改変)

まれた領域が細胞分裂を起こすことにより，花粉嚢が分化する領域が確保され，葯の発生が進行する。基部では，完全に背軸化されることにより，花糸が形成される (図 7.4)。

以上の雄蕊のパターン形成モデルは，イネの研究から提案されたものだが，シロイヌナズナにおいても，向背軸極性の喪失は同じように雄蕊の形態異常を引き起こし，*ETT* や *PHB* の発現パターンも類似している。したがって，ここで提案された雄蕊のパターン形成の基本的メカニズムは，被子植物において保存されていると考えられる。

7.1.4 花粉形成を制御する鍵遺伝子

葯の組織分化

葯のパターン形成に重要な向背軸極性の転換後，葯原基の内部では，細胞分化が開始する。ほぼ成熟した葯では，花粉嚢は明瞭な 4 層からなる細

第7章　生殖器官の形態形成

> **コラム 7.1　ta-siRNA 合成系遺伝子とその変異体**
>
> 　ta-siRNA の生合成には多くの遺伝子が関与しているが，イネではその生合成系の遺伝子の機能が失われると，胚致死や実生致死など重篤な影響が現れる。その原因は，胚発生時に茎頂メリステム（SAM）が形成されなかったり，発芽後の SAM の維持が損なわれることによる。これらの異常は，シロイヌナズナの変異体では見られないため，イネの SAM 形成には向背軸極性の確立が非常に重要なはたらきをしていると考えられる。
>
> 　*SHOOTLESS2*（*SHL2*）遺伝子もその1つであり，ta-siRNA の生合成で作用する RNA 依存性 RNA ポリメラーゼ（RNA-dependent RNA polymerase, RDR）の1つ RDR6 タンパク質をコードしている。この遺伝子の完全機能喪失変異体（*shl2-1* など）では，胚発生時に全く SAM が形成されない。一方，*shl2-rol* 変異体はシュートの形態がやや異常であるものの生殖成長期まで発生が進み，異常な形態ではあるが小穂（花）を形成することができる。外穎が棒状になることから，この変異体は *rod-like lemma*（*rol*）変異体と呼ばれていた。この変異の遺伝子が同定された結果，*SHL2* 遺伝子であることが判明したため，"*rol*" は，アレル名として使われている（コラム 5.3 参照，p.103）。*shl2-rol* 変異体では，ポリメラーゼの触媒部位とはかなり遠い位置にアミノ酸置換があり，RDR6 の活性はかなり保持されていると考えられる。そのため，*shl2-rol* 変異体は胚致死にならず，その後も成長をつづけ花を分化することができるらしい。

胞層（**葯壁** anther wall）から構成され，その内部には**花粉母細胞**（pollen mother cell）が分化する（図 7.5）。葯原基の表皮細胞はメリステムの L1 層に由来し，内部の 3 層の細胞は L2 層に由来している。L2 細胞は，図 7.5B に示すようないくつかの中間的な細胞を経て，それぞれの層を構成する細胞へと分化する。花粉母細胞も L2 細胞に由来し，**生殖始原細胞**（胞原細胞 archesporial cell），**胞子形成細胞**を経て形成される。花粉母細胞が**減数分裂**（meiosis）をし，最終的に一倍体（n）の花粉が形成される。最内層の**タペート層**（tapetum layer）からは，花粉へと成熟するための栄養分が供給される。

7.1 雄蕊の形態形成

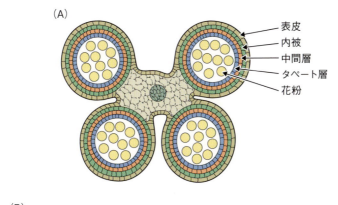

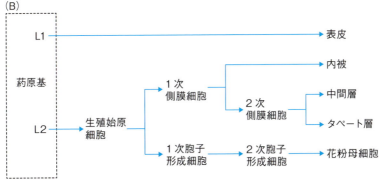

図 7.5 葯内の組織分化と花粉の形成
(A)葯を構成する組織。(B)発生に伴う葯の組織分化。

SPOROCYTELESS/NOZZLE（*SPL/NZZ*）遺伝子※7-1

シロイヌナズナの *SPOROCYTELESS*（*SPL*）遺伝子（別名，*NOZZLE*）が機能を失った変異体（*spl/nzz*）では，雌雄ともに配偶子が形成されず，完全な**不稔**（sterile）となる。*spl/nzz* 変異体の葯では，生殖始原細胞から胞子形成細胞や側膜細胞の分化は起こるが，胞子形成細胞から花粉母細

※7-1　*SPL/NZZ*: *spl* 変異体は花粉形成が不全となった変異体として，*nzz* 変異体（7.2.4）は胚珠がノズルのように異常になった変異体として単離された。各々の変異の原因遺伝子が単離された結果，同一のタンパク質をコードしていることが判明した。この2つの研究成果はほぼ同時に報告されたため，*SPL/NZZ* として表記されることが多い。

胞への分化が阻害される。また，一次側膜細胞からの分化も進行せず，タペート層や**内被**（endothecium）の分化が起こらない。*SPL/NZZ* 遺伝子は，bHLH 様の転写因子をコードしている。

　ABC 遺伝子は，メリステムにおいて器官アイデンティティーを決定した後も，それぞれの器官の組織や細胞の分化に関わっている。マイクロアレイ法により *AG* 遺伝子が制御する下流遺伝子が探索された結果，その中に *SPL/NZZ* 遺伝子が含まれていた。野生型の花の発生初期には，*AG* が発現している領域内に *SPL/NZZ* の発現が限定されていた。また，AG タンパク質は *SPL/NZZ* の発現制御領域に結合し，その発現を直接促進することも判明した。*ag* 変異体では *SPL/NZZ* は発現していないが，DEX 誘導系（コラム 6.2 参照，p.124）により AG タンパク質を機能させると，*ag* 変異体においても *SPL/NZZ* の発現が誘導された。以上のことから，*SPL/NZZ* の発現誘導には，*AG* が必要十分であることが判明した。

SPL/NZZ は *AG* 機能を仲介する花粉形成の鍵遺伝子

　第 5 章で述べたように，*ag* 変異体ではがく片 – 花弁 – 花弁を繰り返し，雄蕊は分化しない。しかしながら，この *ag* 変異体で，DEX 誘導系を用いて SPL/NZZ タンパク質を機能させると，ウォール 3 の花弁の側生領域に部分的に花粉が形成されるようになった（図 7.6）。すなわち，*AG* の機能がなくても，また，雄蕊という器官がなくても，*SPL/NZZ* さえ機能すれば花粉が形成されるのである。

　第 5 章で述べたように，*AG* はメリステムにおいて，(i) 雄蕊分化の決定，(ii) 心皮分化の決定，(iii) 花メリステムの有限性，(iv) *AP1* 遺伝子の抑制の 4 つの機能を担っている。心皮や雄蕊アイデンティティーが決定された後は，それぞれの器官原基で様々な発生イベントが起こるはずである。雄蕊の発生過程では，*AG* は *SPL/NZZ* の発現を誘導し，その *SPL/NZZ* は花粉形成を促進する。すなわち，*SPL/NZZ* は，多面的な *AG* の機能の中で，花粉形成という特別な発生イベントを仲介している鍵遺伝子ということになる。

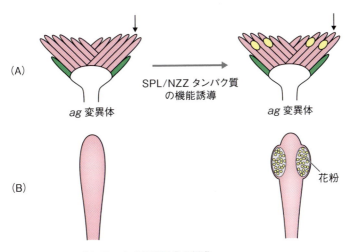

図 7.6　*SPL/NZZ* 遺伝子による花粉形成の促進
(A) *ag* 変異体の花の模式図。(内部のがく片は省略してある。)
(B) (A)の矢印の花弁の拡大模式図。*ag* 変異体の花の発生初期に *SPL/NZZ* 遺伝子を発現誘導させると，花弁（本来の雄蕊が分化するウォールに生じるもの）に花粉が形成される。(Ito *et al.* (2004) Nature を参考に作図)

7.2　雌蕊の形態形成

雌蕊（pistil, gynoecium）は，被子植物の生殖，子孫形成にとって，最も重要な器官である。(i) 雌蕊には**胚珠**（ovule）が形成され，**雌性配偶体**（megagametophyte, female gametophyte）である**胚嚢**（embryo sac）が分化する。その中には，**配偶子**（gamete）（卵細胞）が形成される。(ii) 雌蕊は，受精が行われる場である。雌蕊の柱頭に着床した花粉は，**花粉管**（pollen tube; **雄性配偶体** microgametophyte, male gametophyte）を伸長し，胚嚢まで到達する。2つの**精核**（male nucleus, sperm nucleus; **雄性配偶子** male gamete）のうち，一方は卵細胞と，他方は2つの**極核**（polar nucleus）と受精する（**重複受精** double fertilization）。(iii) 雌蕊に揺籃（ゆりかごの意味）されて，胚発生や種子形成が進行する。(iv) 胚や種子が完成する頃には，雌蕊は**果実**（fruit）と呼ばれるようになる。果実の組織の一部が裂開し，種子が放出され，発芽すると次世代の植物体が育つ。胚珠のように直接生殖細

胞の形成に関わる部位のみならず，花粉管の通路となる伝達組織や果実の裂開ゾーンの形成なども，雌蕊が生殖器官として機能するための重要な組織分化である。

先述したように，イネの雌蕊は非常に単純な構造をしており，胚珠は直接花メリステムから分化する（5.3.6）。一方，シロイヌナズナの雌蕊には様々な組織が分化し，胚珠は胎座という特別な組織から分化する。本節では，複雑な構造体であるシロイヌナズナの雌蕊の組織分化や胚珠形成を制御する遺伝子について解説する。

7.2.1 雌蕊の構造と発生パターン

雌蕊の構造

図7.7は，シロイヌナズナの成熟した雌蕊の外部形態と横断切片による組織分化のパターンを模式的に示したものである。雌蕊は，**柱頭**（stigma），

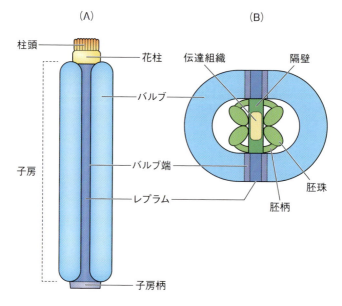

図7.7 雌蕊の構造
（A）雌蕊の外観。（B）雌蕊の横断面の模式図。

花柱（style），子房（ovary）の3つの部分から構成され，**子房柄**（gynophore）によって，花托と連結されている（図7.7A）。柱頭は花粉が着床し発芽する場であり，シロイヌナズナでは，乳頭状の一層の細胞群からなっている。子房の外壁は**バルブ**（valve）と**レプラム**（replum）という2つの組織によって構成され，内部には空洞がある（図7.7B）。中央部には，レプラムと接して**隔壁**（septum）が形成され，この隔壁により空洞は2つに分かれている。空洞部には，胚珠が形成されるが，**珠柄**（funiculus）を通じてレプラムと連結している。

心皮原基と雌蕊

シロイヌナズナの雌蕊は，先天的に融合した2枚の心皮原基から発生する。1枚の心皮に相当する領域は，図7.8B の点線で囲まれた領域と考えられて

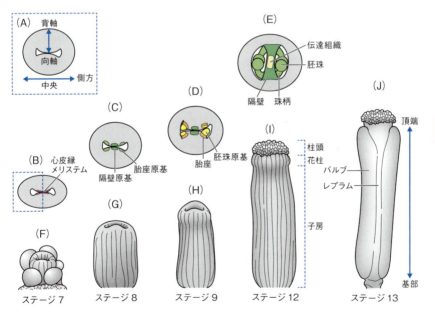

図7.8 雌蕊（心皮）の発生過程
(A) 雌蕊の軸。(B)–(E) 雌蕊の横断面の模式図。(B) の点線で囲まれた部分が心皮原基1枚に相当する。(F)–(J) 雌蕊の外観。(Alvarez *et al.* (2009) Plant Cell の走査型電子顕微鏡像より作図；サイズの縮尺は同じではない)

いる。第5章で述べたように，*ap2*変異体ではがく片が心皮様の組織にホメオティックに転換するが，この異所的に形成された心皮様組織の両側の縁には，胚珠が形成される。このことから，図7.7Eの隔壁で隔てられた左右それぞれの領域が雌蕊発生の単位であることがわかり，1枚の心皮に相当する領域も推定されるのである（図7.8B）。

雌蕊の発生過程

雌蕊の発生は，**頂端－基部軸**（apical-basal axis; distal-proximal axis），**向背軸**，**中央－側方軸**（centrolateral axis）の3つの軸に沿って進行する（図7.8A,J）。

発生初期や中期の心皮原基は内部が空洞のチューブ状の構造をしている（図7.8F-H）。この心皮原基は3つの軸に沿って細胞分裂を行い，伸長・肥大する。後期になると，頂端－基部軸に沿って，柱頭，花柱，子房の各組織が分化する。頂端部では，内部に向かって細胞分裂が進行し，内部まで細胞が満たされた花柱が形成され，チューブ構造は閉じられる。花柱の上部には，乳頭（papilla）状の細胞からなる柱頭が分化する（図7.8 I,J）。

心皮原基は花メリステムの中央に生じるが，メリステムの中心が向軸側である。したがって，チューブ状の心皮原基の内側が向軸，外側が背軸に相当する（図7.8A）。また，将来レプラムが分化する領域が中央部であり，側方部にはバルブが分化する。心皮原基の向軸側中央部は分裂活性が高く，メリステム様（meristematic）の性質をもっており，**心皮縁メリステム**（carpel margin meristem）と呼ばれることもある（図7.8B）。頂端メリステムと同様，この心皮縁メリステムでは，サイトカイニンの活性が高いことが示されている。

心皮縁メリステムから，隔壁原基と**胎座**（placenta）原基が分化する（図7.8C）。この2つの原基は中央部に向かって隆起していき，胎座原基から胚珠原基が分化する（図7.8D）。さらに発生が進むと，両端から隆起してきた隔壁原基は融合し，隔壁が形成される（図7.8E）。隔壁中央部の細胞はその両側とは異なった性質をもつようになり，花粉管が通る**伝達組織**（transmitting tissue）が分化する。胚珠原基からは，胚珠が分化する（7.2.4参照）。

初期から中期にかけては，背軸側組織はほぼ均一な細胞から構成されている（図 7.8F-H）。しかし，発生が進むと，頂端－基部軸のみならず，中央－側方軸に沿っても細胞の分化が見られるようになり，中央部にはレプラムが，側方部にはバルブの各組織が形成される（図 7.8 I,J）。

7.2.2 雌蕊発生における極性の制御

上述した３つの軸の極性に沿って組織分化のための位置情報が与えられる。したがって，この極性の制御が異常になると，組織分化のパターンが大きく損なわれる。

向背軸極性の制御

雌蕊の背軸側アイデンティティーを制御する遺伝子として，*CRABS CLAW* (*CRC*)，*KANADI* (*KAN*) や *GYMNOS* (*GYM*; 別名 *PICKLE*) などが同定されている。*crc* 変異体では雌蕊の頂端部が閉じないなどの軽い形態異常が起こるが（図 7.9B），*KAN* や *GYM* 遺伝子の単独変異体ではほとんど異常は見られない。しかしながら，*crc kan1* や *crc gym* などの二重

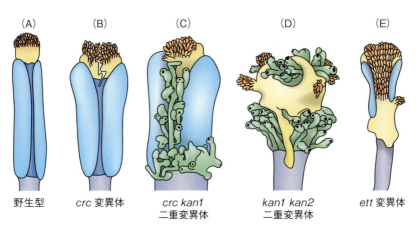

図 7.9 雌蕊の変異体の外観
緑色の構造は，背軸側に突出してきた異常な胚珠。(Eshed *et al.* (2001) *Curr. Biol.* および Sessions and Zambryski (1995) *Development* の走査型電子顕微鏡による観察結果より作図)

変異体を作製すると，隔壁組織や胚珠が外側（背軸側）に形成されるという重篤な形態異常を示すようになる（図 7.9C）。この異常は，これらの遺伝子の欠損により，背軸アイデンティティーが損なわれたことが原因と考えられている。単独変異体ではこのような異常は見られないことから，これらの 3 つの遺伝子は冗長的かつ協調して雌蕊の背軸アイデンティティーを制御していると推定される。*crc kan1* や *crc gym* の二重変異体では，バルブ組織はほぼ正常に分化している。一方，*kan1 kan2* 二重変異体は，バルブの形成が阻害され胚珠が全体に露出するという劇的な表現型を示し，背軸アイデンティティーがほとんど失われる（図 7.9D）。したがって，*KAN* 遺伝子は，葉と同様，雌蕊においても背軸アイデンティティーの決定に非常に重要な役割を果たしていることになる。

KAN は GARP ファミリーに属する転写因子を，*GYM* はクロマチンリモデリングに関わるタンパク質をコードしている。*CRC* は YABBY 遺伝子ファミリーに属し，イネの *DL* のオーソログである。イネの *DL* は心皮アイデンティティーの決定そのものに関わっているが，シロイヌナズナの *CRC* は雌蕊の向背軸パターンの制御に関わっており，これらの 2 つのオーソログは進化の過程でその機能が大きく変化しているようである（5.3.4 参照）。

頂端－基部軸の極性制御

頂端－基部軸に沿った極性の制御には，植物ホルモンのオーキシンが重要なはたらきをしている。オーキシンのシグナル伝達に関わる**オーキシン応答因子**（auxin response factor; ARF）をコードしている *ETT/ARF3* や *MONOPTEROS*(*MP*)/*ARF5* 遺伝子の変異体では，柱頭，花柱や子房柄の領域が増大し，バルブ領域が減少するなど，頂端－基部軸に沿った組織分化が異常となる（図 7.9E）。*ett* 変異体では，その変異が強いほどバルブの形成が強く阻害され，それ以外の組織領域が大きく拡大する。また，隔壁や伝達組織が雌蕊の背軸側に形成されることもあり，向背軸極性も影響を受ける。

頂端－基部軸に沿った極性におけるオーキシンの重要性は，他の変異体やオーキシンの極性輸送阻害剤を用いた研究からも示されている。例えば，オーキシンの極性輸送に関わる PIN-FORMED1（PIN1）タンパク質や，その局

在を制御する PINOID キナーゼなどをコードする遺伝子の機能低下は，バルブ領域の縮小や欠失を引き起こす。

これらの研究から，オーキシンは，花柱とバルブ，バルブと子房柄の境界領域決定に関わっていると考えられている。この境界領域の決定は，次項で述べる柱頭や花柱の組織分化を決定する遺伝子の機能と密接に関連している。

7.2.3 雌蕊の組織分化

花柱と柱頭の組織分化

2つの *STYLISH* 遺伝子（*STY1*, *STY2*）は，RING finger モチーフに類似した zinc finger タンパク質をコードし，発生中の雌蕊の頂端部で発現している。*sty1 sty2* 二重変異体では，柱頭や花柱の発生が阻害され，雌蕊の形態が異常となる。*STY1* 遺伝子を 35S プロモーターで構成的に発現させると，バルブ領域に部分的に花柱の特徴をもった組織が分化する。

STY1 と STY2 は，転写因子として，オーキシンの生合成を触媒する *YUCCA* 遺伝子（*YUC1* や *YUC4*）の発現を誘導する。野生型の発生中の雌蕊の頂端部にはオーキシンが局在しているが，*sty1 sty2* 二重変異体において，この部分にオーキシンを投与すると，雌蕊頂端の異常な形態が部分的に緩和される。したがって，*STY* 遺伝子は，柱頭や花柱の組織分化を制御しており，その制御には一部オーキシンシグナリングが関与していると考えられている。

4つの *NGATHA* 遺伝子（*NGA1-NGA4*）は B3 ドメインをもつ転写因子をコードしているが，*YUC* 遺伝子の発現を誘導し，その多重変異体は，*sty1 sty2* 二重変異体と類似した表現型を示す。このように，*STY* と *NGA* 遺伝子は類似した機能をもち，協調して花柱と柱頭の組織分化の運命を決定している。

SPATULA（*SPT*）遺伝子は，柱頭，花柱に加えて，隔壁や伝達組織などの発生を制御している。これらの組織は心皮縁メリステムに由来しており，*spt* 変異体では雌蕊の発生初期からこれらの形態形成が異常となる。3つの *HECATE* 遺伝子（*HEC1-HEC3*）も同様の機能を担っており，これらの遺

伝子の多重変異体は *spt* と類似した表現型を示す。*SPT* も3つの *HEC* も bHLH 型の転写因子をコードしている。*SPT* と *HEC* はタンパク質相互作用を示すことから，これらの転写因子はヘテロダイマーとして機能すると考えられている。前節で述べた *ETT* は，*SPT* と *HEC* 遺伝子を負に制御している。したがって，*ett* 変異体で見られたバルブ領域の減少は，*SPT* や *HEC* が異所的に発現し，花柱領域が増大した結果と考えることができる。

　INDEHISCENT（*IND*）遺伝子も bHLH 型の転写因子をコードしており，IND タンパク質は SPT タンパク質と二量体を形成する。*spt ind* 二重変異体では，*spt* 単独変異体より花柱や柱頭に現れる異常が激しくなる。発生中の雌蕊頂端部では，オーキシンがリング状に局在する。しかし，*spt* や *spt ind* 変異体ではリング状のパターンが消失し，オーキシンは2つの離れた領域のみに局在するようになる。したがって，*SPT* や *IND* はこのオーキシンのパターン形成に関与していると考えられている。

バルブ端組織

　バルブとレプラムとの間には**バルブ端**（valve margin）といわれる特別な組織が分化する（図 7.10A）。受精後，雌蕊には種子が形成されるが，成熟した果実ではこのバルブ端領域が開裂し，種子が外界に散布される（図 7.10B）。このバルブ端組織は，**裂開ゾーン**（dehiscence zone）とも呼ばれる。バルブ端は，**分離層**（separation layer）と**リグニン化層**（lignified layer）という2種の組織から構成される。果実が完熟すると，分離層を構成する細胞は**プログラム細胞死**（programmed cell death）を起こし，この部分から果実が裂開する。リグニン化層の細胞は**リグニン**（lignin）を蓄積し，裂開時に張力を発生する。果実の裂開が起こると，バルブ領域は脱落し，隔壁のみが植物体に付いたまま残る。

　このバルブ端組織の分化は，*SHATTERPROOF*（*SHP1, SHP2*），*IND* および *ALCATRAZ*（*ALC*）などの転写因子をコードする遺伝子によって，制御されている（図 7.11）。2つの *SHP* 遺伝子は，AG に良く類似した MADS タンパク質をコードし，バルブ端および胚珠で発現している（図 7.12B）。*shp* 単独変異体では顕著な表現型は現れないが，*shp1 shp2* 二重変

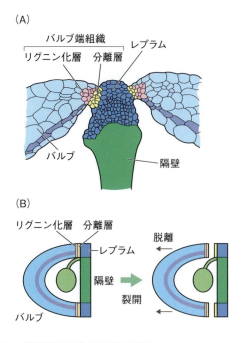

図 7.10 バルブ端組織の分化と果実の裂開
(A) バルブ端とレプラム領域。(B) 果実の裂開の模式図。
((A) Roeder and Yanofsky (2006)"Arabidopsis Book"を参考に作図)

異体では、バルブ端の2つの組織の分化が進行せず、リグニンの蓄積も見られない（図7.12A）。そのため、果実は裂開しない。

　SHP の発現は、心皮アイデンティティーを決定する *AG* 遺伝子によって、正に制御されている（図7.11）。その *SHP* 遺伝子は、*IND* と *ALC* 遺伝子の発現を促進している（図7.11）。*ind* および *alc* 変異体では、*shp1 shp2* 二重変異体と同様、果実の裂開が起こらない。両遺伝子とも bHLH 型の転写因子をコードし、*IND* は分離層とリグニン化層の、*ALC* は分離層の組織分化を制御している（図7.11）。

　IND は、果実の成熟に伴ってバルブ端にオーキシンが蓄積するように、その輸送を制御している。また、この制御には、*IND* と共同して *SPT* が関与していることが報告されている。ポリガラクツロナーゼ（polygalacturonase）

第 7 章　生殖器官の形態形成

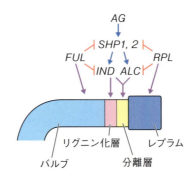

図7.11　バルブ端やバルブの組織分化を制御する遺伝子ネットワーク
青の矢印は遺伝子の促進作用を，赤の T 字バーは遺伝子の抑制作用を，紫の矢印は組織分化への作用を示す。

は，細胞壁の分解に関わる酵素であるが，この遺伝子の発現にも，IND が必要とされる。このように，IND はバルブ端分化に中心的な役割を果たしている。

バルブの分化

　バルブの分化は，AP1 に類似した MADS 遺伝子である FRUITFULL（FUL）によって制御されている（図7.11）。ful 変異体ではバルブの発生が阻害され，小さな果実となる。また，本来リグニン化されない内部の細胞にリグニンが蓄積するなど，バルブ端の特徴が現れる。そこで，バルブ端分化を制御する遺伝子の発現を調べてみると，ful 変異体では SHP, IND および ALC 遺伝子が，バルブ領域で発現していることが判明した（図7.12B）。さらに，35S プロモーターで FUL を構成的に発現させると，本来のバルブ端領域がバルブ細胞によって占められるようになり，この領域では SHP や IND 遺伝子の発現が消失した。一方，ful 変異体に，shp や ind などの変異を導入すると，ful の表現型が部分的，あるいはかなりの程度回復する。さらに，ind alc shp1 shp2 ful 五重変異体では，野生型の 90％程度まで果実の大きさが回復する。したがって，ful 変異体の表現型は，バルブ領域にバルブ端の特徴が入り込んできた結果と考えられる。以上のことから，FUL はバルブ端分化を制御する遺伝子の発現を抑制することにより，バルブ領域が

7.2 雌蕊の形態形成

(A) リグニンの蓄積

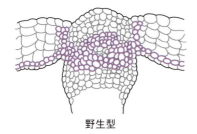
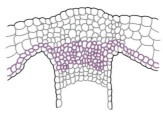

(B) SHP 遺伝子の発現パターン

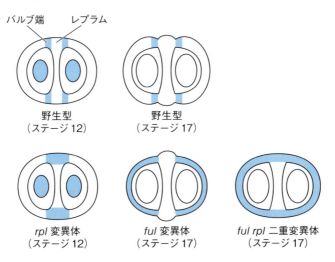

図 7.12 バルブ端分化に関わる遺伝子の作用
(A) リグニン（赤紫色）の蓄積パターン。(B) *SHP1* と *SHP2* 遺伝子の発現パターン（水色）。2つの *SHP* の発現は，野生型ではバルブ端に限定されているが，各変異体ではその発現領域が広がってしまう。((A) Liljegren *et al.* (2000) Nature を参考に作図，(B) Roeder and Yanofsky (2006) "Arabidopsis Boook"より改変)

そのアイデンティティーを獲得するように制御しているのだと考えられている。

第 7 章 生殖器官の形態形成

レプラムの分化

REPLUMLESS（RPL）遺伝子の機能が喪失すると，レプラムの分化が起こらず，その領域がバルブ端のような特徴を示すようになる。rpl 変異体のこの領域では，SHP, IND, ALC などの遺伝子が異所的に発現していることから，RPL はこれらの遺伝子をレプラム領域で発現しないように負に制御していると考えられている（図 7.11, 7.12B）。また，shp1 shp2 rpl 三重変異体では，レプラム分化が回復する。したがって，FUL によるバルブの制御と同様，RPL はバルブ端分化に関わる遺伝子を負に制御することにより，レプラムアイデンティティーを決定していることになる。

図 7.11 からわかるように，バルブ端分化を制御する SHP, IND, ALC 遺伝子は，FUL と RPL によって負に制御されている。このバルブとレプラムでそれぞれ発現する 2 つの遺伝子の抑制作用により，SHP, IND, ALC 遺伝子の発現は局所的な領域に限定され，細長いバルブ端組織が分化するのである。

7.2.4 胚珠の発生

胚珠の構造と発生パターン

胚珠は，**珠心**（nucellus），**カラザ**（chalaza），**珠柄**（funiculus）の 3 つの部分から構成される（図 7.13）。胚珠原基は胎座から分化する。発生初期の珠心には，**胚嚢母細胞**（embryo-sac mother cell; **大胞子母細胞** megaspore mother cell）が分化し，減数分裂を経て 4 個の**胚嚢細胞**（embryo-sac cell; 大胞子 megaspore）が形成される。そのうち 3 個は退化し，残された 1 つの胚嚢細胞はさらに 3 度の核分裂を行い，**卵細胞**（egg cell），**中心細胞**（central cell），**助細胞**（synergid）と**反足細胞**（antipodal）が分化し，**胚嚢**（embryo sac）が形成される。カラザからは，**内珠皮**（inner integument）と**外珠皮**（outer integument）が分化し，胚嚢を保護する。珠心の先端部には，珠皮によって覆われていない部分があり，**珠孔**（micropyle）と呼ばれている。柱頭に着床した花粉管は，花柱や隔壁内に形成された伝達組織を通って珠孔に到達し，重複受精が行われる。

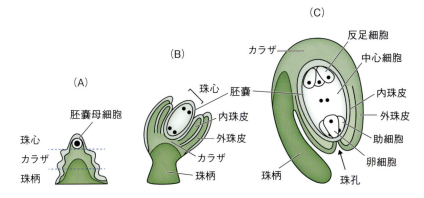

図 7.13 胚珠の形成パターン
(A) 珠皮の分化開始と胚嚢細胞の形成。(B) 珠皮の伸長と胚嚢の分化。
(C) 完成した胚珠と胚嚢。(Chevalier et al. (2011) New Phytol. より改変)

胚珠アイデンティティーの決定

胚珠のアイデンティティーは，*SHP1*，*SHP2* や *SEEDSTICK*（*STK*）などの遺伝子によって，冗長的に制御されている。これらの遺伝子の単独あるいは二重変異体では胚珠にはほとんど異常が見られないが，*shp1 shp2 stk* 三重変異体では，胚珠が分化せず，その位置に心皮様の組織が形成される。これらの遺伝子は，クラス C やクラス D に属する MADS タンパク質をコードしている[※7-2]。

ag 変異体では心皮が形成されないが，巧妙な遺伝学的解析によって，*AG* も胚珠形成に関わっていることが示されている。*ap2* 変異体では，ウォール 1 に形成された異所的な心皮の両側に胚珠が形成される。一方，*ap2 ag* 二重変異体では，この胚珠の形成が部分的に阻害される。このことから，*AG* が胚珠形成に関与していることが推定されるのである。

STK 遺伝子は，珠柄組織の分化にも必要とされている。果実が完全に稔ると，種子は珠柄の一部に形成された離層によって，隔壁から脱離する。し

※7-2　*SHP1*, *SHP2*, *STK*: *SHP1* と *SHP2* はクラス C に，*STK* はクラス D に，それぞれ属する MADS 遺伝子である。

かし，*stk* 変異体ではこの離層形成が起こらず，多くの種子が隔壁に付いたまま残っている。これまで述べてきたように，*AG* 遺伝子は心皮アイデンティティーの決定に（5.1），2つの *SHP* 遺伝子はバルブ端組織の分化に関与している（7.2.3）。このように，*AG* と近縁の MADS 遺伝子は，シロイヌナズナの雌蕊の発生において多様な機能をもっているが，胚珠アイデンティティーに関しては共同して作用している。

ホメオドメインタンパク質をコードする *BELL1*（*BEL1*）遺伝子は，胚珠アイデンティティーと珠皮の分化を制御している。*bel1* 変異体では，珠皮の代わりに不定形の構造ができ，発生が進むと柱頭や子房のような雌蕊の構造が現れてくる。

珠皮の形成

aintegumenta（*ant*）変異体では珠皮が完全に欠損することから，*ANT* 遺伝子は珠皮の分化開始を制御していると考えられている。*ANT* は AP2/ERF ドメインをもつ転写因子をコードし，いろいろな側生器官の発生に関与している。胚珠においては，*ANT* は発生初期には原基全体で発現しているが，珠皮が分化する頃になると，その発現は珠皮分化領域に限定されるようになる。また，幹細胞の促進因子である *WUS* も珠皮の分化に関与している（図 7.14A）。

胚珠原基内のどの位置に珠皮が分化するのかは，*SPL/NZZ* 遺伝子によって制御されている。*spl/nzz* 変異体では，珠心領域が狭くなり，胚嚢母細胞の形成が不全となる。珠心領域が狭くなるのは，珠皮の分化する位置が胚珠の先端側に偏ることが原因であると考えられている。*spl/nzz* 変異体では，珠皮の分化を促進する *ANT* や *BEL1* が胚珠の先端側まで異所的に発現することから，*SPL/NZZ* は胚珠先端部でこの2つの遺伝子の発現を負に制御していると推定される（図 7.14A）。したがって，*SPL/NZZ* は，珠皮分化の位置決定に重要であり，その適切な決定により珠心が分化する領域が確保されるのである。

YABBY 遺伝子の1つである *INNER NO OUTER*（*INO*）が機能を失うと，外珠皮の形成が阻害される。内珠皮の分化は起こるので，*INO* の機能

7.2 雌蕊の形態形成

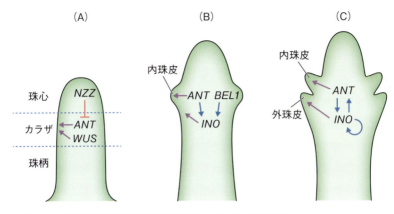

図 7.14 胚珠分化を制御する遺伝子のはたらきと相互作用
青の矢印は遺伝子の促進作用を，赤のT字バーは遺伝子の抑制作用を，紫の矢印は組織分化への作用を示す．

は外珠皮の分化に特異的に必要とされていることになる(図7.14B)．珠皮は，内珠皮，外珠皮の順に分化するので，外珠皮の分化する位置は内珠皮の位置に依存する．したがって，内珠皮の分化を制御する遺伝子の異常は外珠皮にも影響を与えるが，その逆は起こらない．外珠皮の分化開始時には，*INO*の発現に*ANT*が必要とされる(図7.14B)．発生が進むと，*ANT*と*INO*は互いの発現を促進し，さらに，*INO*は自分自身の発現を促進するようになる(図7.14C)．このような遺伝子発現の時間的制御，ポジティブフィードバック制御や自己制御なども，珠皮の正常な分化に必要である．

第8章　多様な花の形態と遺伝子機能

　第5章で解説したように，心皮，雄蕊，花弁，がく片などの器官のアイデンティティーは，ABCモデルを構成する遺伝子によって決定される。一部，改変が必要であるものの，このABCモデルは，被子植物一般に広く適用できると考えられている。このように，花の発生の根幹は保存されているのに対し，花の形態は非常に多様である。例えば，シロイヌナズナの花弁やがく片の数は4であるが（4数性），真正双子葉類では基本数を5としているものが多い（5数性）。一方，単子葉類の花は3数性である。八重咲き系統のように，花弁や雄蕊が重層的に数多く生じる場合もある。このように器官数ひとつをとっても，花は非常に多様である。

　花の発生研究はシロイヌナズナを中心に発展し多くの知見が得られているが，被子植物全体からいえば特殊な例を対象としているに過ぎない。シロイヌナズナの花は放射相称（対称）であり，雌蕊と雄蕊が同時に分化する両性花である。一方，被子植物には，左右相称の花や，雌花・雄花という単性花を着生する種も数多く存在する。本章では，花の対称性と花の性という大きな特徴に着目し，これらを制御する遺伝子のはたらきについて解説する。

8.1　花の対称性の制御機構

8.1.1　花の多様性

被子植物の最も基部に位置するアンボレラ目やアウストロバイレヤ目では，らせん状に花器官が着生する。一方，真正双子葉類や単子葉類など，ほとんどの被子植物では，花器官が同心円状に配置する輪生型の花を形成する（被子植物の進化系統図に関しては，図2.1, p.11を参照）。したがって，花

器官の配置はらせん型が祖先型と考えられている．しかしながら，進化的にアンボレラ目とアウストロバイレヤ目の間に位置するスイレン目では輪生型の花を生じることや真正双子葉植物の基部に位置するキンポウゲ目ではらせん型と輪生型が混在していることなどを考慮すると，らせん型と輪生型とは比較的移行しやすいとの考えも提唱されている．

被子植物の花は非常に多様であるが，この多様な要因の1つが花の**対称性**（相称性）である．**放射相称**（radial symmetry, actinomorphy）の花が2つ以上の対称面をもつのに対し，**左右相称**（bilateral symmetry, zygomorphy）の花の対称面は1つのみである．進化学的には，放射相称の花が祖先型であり，左右相称の花は放射相称の花から生じてきたと考えられている．被子植物の系統進化の中でこの変化は独立に何度も起こっており，少なくとも25回起きたとの推定もある．

本書で取り扱ってきたシロイヌナズナの花は放射相称であるのに対し，キンギョソウやイネの花は左右相称である．これまで述べてきたように，シロイヌナズナもキンギョソウも花器官の配置は輪生型である．しかしながら，花の対称性には違いがある．これは，花器官のアイデンティティーの決定と花の対称性の制御とは異なる遺伝的制御を受けていることに他ならない．

8.1.2　キンギョソウの花の形態

キンギョソウの花は合弁花の一種であり，花弁は基部のチューブ部分（corolla tube）と先端部の5枚のローブ（petal lobe）から構成されている．ここでは，キンギョソウの花の論文の慣例にならい，このローブ部分を花弁と呼ぶことにする．また，植物発生学では主軸に近い部分を向軸側，遠い部分を背軸側と呼ぶが（7.1.2参照），花の対称性の研究分野では，向軸側を**背側**（dorsal），背軸側を**腹側**（ventral）と呼ぶことが多い．本書でも，この呼称に準じることにする．

キンギョソウでは，大きさと形態が異なる5枚の花弁（ローブ）が形成される．背側から腹側に向かって，2枚の大きな背側花弁，2枚の側生花弁，1枚の小さな腹側花弁である（図8.1A,C）．花弁自体の形態をみると，背側と

第8章 多様な花の形態と遺伝子機能

側生花弁は左右非相称であるのに対し，腹側花弁は左右相称である。花弁の内側には5本の雄蕊が形成されるが，そのうち背側の1本の雄蕊は未発達なまま成長が止まり，**仮雄蕊**（staminode）と呼ばれている（図8.1B）。また，4本の正常な雄蕊に形成される葯は，花粉囊の部分が腹側の方向を向いている。このように，キンギョソウの花では，花弁の形態や大きさ，雄蕊の成長や配向が，**背腹軸**(dorsoventral axis)に沿って非対称となっている。したがって，放射相称から左右相称への変化は，「背腹軸に沿った非対称性化」と言い換えることができる。

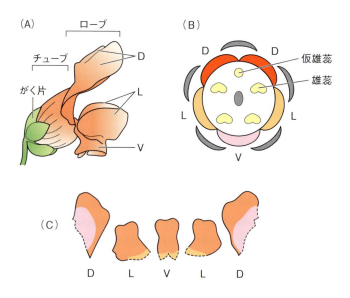

図8.1　キンギョソウの花の形態
(A) キンギョソウの花。(B) 花の花式図。(C) 花弁の形態。D, 背側花弁；L, 側生花弁；V, 腹側花弁。背側と側生花弁は非対称で，背側花弁はサイズが大きい。腹側花弁は左右対称で小さい。花式図(B)中の赤は背側花弁の，オレンジは側生花弁の，ピンクは腹側花弁のアイデンティティーを示す。

8.1.3 キンギョソウの花の背側アイデンティティーを決定する遺伝子

CYC と *DICH* 遺伝子

cycloidea（*cyc*）変異体では，いくつかの花の形態異常が生じる（図 8.2B）。まず，第 1 に，花弁の非対称性が緩和される。野生型で最も非対称性が高い背側花弁は側生花弁のようになり，側生花弁は腹側花弁のような対称性を示すようになる。これに伴い，これらの花弁のサイズも小さくなるため，花全体の非対称性も緩和される。第 2 に，花弁とがく片の数は，野生型の 5 枚から 6 枚へと増加する。第 3 に，背側の仮雄蕊は正常に発生し，雄蕊は 6 本へと増加する（心皮の数には変化がない）。さらに，花粉嚢は花の内側を向くようになる。背側花弁の対称性の緩和や仮雄蕊の正常な発生は，花の背側アイデンティティーが低下していることを示している。

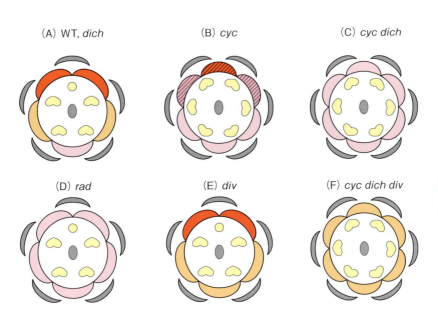

図 8.2 キンギョソウの花の対称性が異常となった変異体の花式図
赤は背側花弁の，オレンジは側生花弁の，ピンクは腹側花弁の，各アイデンティティーを示す．斜線は各々の色の花弁に類似していることを示す．花の各器官の名称は，図 8.1B を参照．

dichotoma（*dich*）変異体の花は，野生型とほとんど変わらない（図 8.2A）。しかし，*cyc dich* 二重変異体では，すべての花弁が腹側のアイデンティティーをもつようになり，完全な放射対称の花が形成される（図 8.2C）。したがって，*CYC* と *DICH* 遺伝子は冗長的な機能をもち，花の背側アイデンティティーを制御していると推定される。

CYC と *DICH* 遺伝子の機能

　これら2つの遺伝子が同定された結果，いずれも，TCP ファミリーに属する転写因子をコードしていることが判明した。両遺伝子とも，花の発生初期には花メリステムの背側で，花器官分化期には背側の花弁と仮雄蕊で，それぞれ特異的に発現していた。

　変異体の表現型と発現パターンからは，野生型の花の発生初期には，*CYC* は花メリステムの背側の細胞増殖を負に制御していると推定される。この負の制御がなくなった結果，*cyc* 変異体では花器官数が増加し，背側でも雄蕊の成長が途中で止まることなく，正常に発生が進むのだと考えられる。一方，花弁の分化時期には，*CYC* や *DICH* は背側の花弁原基の細胞分裂を促進していると推定される。その結果，野生型では背側の花弁の成長が促進され，腹側や側生花弁と比べて大きな花弁が形成されるのである。

　CYC の機能は，*backpetal* 変異体を用いることによっても確認された。*backpetal* 変異体では *CYC* 遺伝子の上流に挿入されたトランスポゾンの影響によって，*CYC* が腹側の花弁原基でも異所的に発現するようになる。この変異体では，腹側花弁が背側花弁のように大きく，非対称な形態に変化する。このことからも，*CYC* が背側アイデンティティーを促進していることが強く支持されている。

RAD 遺伝子

　RADIALIS（*RAD*）遺伝子が機能を失うと，左右相称の花が放射相称の花へと変化する（図 8.2D）。花弁はすべて，腹側の花弁になるため，*RAD* 遺伝子も背側アイデンティティーを促進する因子である。ただし，*cyc* 変異体とは異なり，*rad* 変異体では花の器官数には影響がない。

　RAD は，MYB ドメインをもつ転写因子をコードしている。*RAD* は発生

初期には花メリステムの背側で，発生が進むと背側のがく片や花弁の原基で発現しており，腹側の器官での発現は検出されない．

背側アイデンティティーを決定する遺伝子の相互作用

RAD の空間的発現パターンは *CYC* や *DICH* と類似しているが，発現のタイミングは *RAD* の方がやや遅い．また，*cyc* の変異体では，*RAD* の発現は大きく低下するとともに発現領域も狭くなり，*cyc dich* 二重変異体では，その発現は全く検出されない．一方，腹側で *CYC* が異所的に発現する *backpetal* 変異体では，腹側でも *RAD* が発現するようになる．さらに，生化学的解析から，CYC タンパク質は *RAD* のプロモーターに結合することも示された．これらのことから，*RAD* の発現は，*CYC* と *DICH* によって正に制御されていることがわかる．一方，*rad* 変異体における *CYC* の発現は，野生型の場合と変わらなかったことから，*CYC* の発現には *RAD* は関与していないと考えられる．

以上のように，キンギョソウでは TCP 遺伝子である *CYC* と *DICH* が背側の花器官で発現して *RAD* の発現を誘導し，*RAD* は背側花弁の細胞分裂を促進していると考えられている（図 8.3）．

8.1.4　キンギョソウの花の非対称性を制御する分子機構

腹側アイデンティティーを決定する *DIVARICATA*（*DIV*）遺伝子

divaricata（*div*）変異体では腹側の花弁が側生の花弁のような形態になることから，*DIV* 遺伝子は腹側アイデンティティーの決定遺伝子であると考えられる（図 8.2E）．*DIV* は，MYB 転写因子をコードしている．変異が腹側にのみ現れるにもかかわらず，*DIV* の mRNA は花メリステム全体とすべての花器官原基で一様に検出される．

背側と腹側遺伝子の相互作用

前述したように，*cyc dich* 二重変異体では，すべての花弁が腹側のアイデンティティーを示すようになる（図 8.2C）．したがって，野生型において *CYC* と *DICH* は，*DIV* が背側や側生ではたらかないようにその機能を抑制していると推定される．*DIV* mRNA が花全体で一様に発現していることか

第8章 多様な花の形態と遺伝子機能

ら，この抑制は転写後に調節されている可能性がある．一方，*div* 変異体では，*CYC* は正常に発現しているので，*DIV* の機能は *CYC* の発現には影響しない．

cyc dich div の三重変異体では，花は放射相称になり，すべての花弁が側生花弁に類似した形態を示すようになる．したがって，キンギョソウの花では，側生花弁の特徴がデフォルト（初期）状態であり，これに *CYC* と *DICH*，*DIV* 遺伝子などが作用することにより，背側と腹側のアイデンティティーが付加されるようになったのだと考えられる．

非対称性の制御機構

以上をまとめると，キンギョソウの花弁の形態の非対称性は，図 8.3 に示すような機構で制御されていることになる．まず，キンギョソウの花の初期状態は放射相称であり，花弁はすべて側生のアイデンティティーをもっていると考える．ここに，背側と腹側のアイデンティティーを決定する遺伝子が作用することにより，背腹軸に沿った非対称性が生じるようになる．*CYC* と *DICH* は，花メリステムの背側や背側花弁などで発現し，*RAD* を誘導する．*RAD* は同様に背側領域で発現して，背側のアイデンティティーを決定する．一方，*DIV* は腹側のアイデンティティーを決定する．*CYC*，*DICH*，*RAD* など背側の決定因子は，*DIV* が背側で作用しないように抑制している．

cyc 変異体では花弁やがく片の数が増加し，仮雄蕊が正常な雄蕊として発生する．*cyc* 変異体のこれらの表現型は他の遺伝子の変異体では見られない

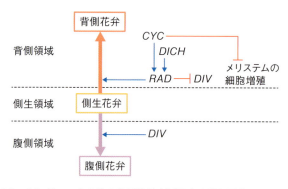

図 8.3 キンギョソウの花の非対称性を制御する遺伝子ネットワーク

ことから，メリステムにおける *CYC* の機能は，*RAD* や *DIV* が関与する花弁形態を制御する遺伝子ネットワークとは独立であると考えられている。

8.1.5 他の植物の花の対称性の制御

ホソバウンラン（オオバコ科）

ホソバウンラン（*Linaria vulgaris*）は，キンギョソウと同じオオバコ科に属し，左右相称の花を生じる（図 8.4A）。腹側花弁には距(spur)といわれる細長く伸長した部位があり，蜜が貯えられる。このホソバウンランには，古くから，自然変異として放射相称の花を生じるものが知られている。放射相称の花では，5 枚のすべての花弁が距をもつ腹側花弁に変化するため，非常に特徴的な形態を示す（図 8.4B）。リンネ(C. Linnaeus)は，この放射相称の花を peloric（ギリシャ語でモンスターを意味する）と呼んだほどである。

この変異の原因遺伝子が同定された結果，キンギョソウの *CYC* オーソログであることが判明した。しかしながら，塩基配列には変異がなく，DNA が高度にメチル化されていた。したがって，ホソバウンランでは，エピジェネティック変異による *CYC* 遺伝子の発現抑制が，左右相称の花から放射相称の花が生じる原因と考えられている。

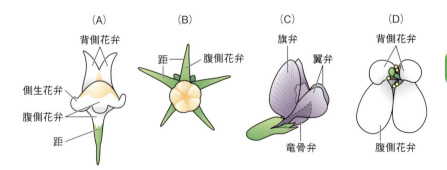

図 8.4 多様な花
(A) 野生型のホソバウンランの花。(B) すべての花弁が腹側化したホソバウンランの変異体の花。(C) 一般的なマメ科の花。旗弁は左右相称な大きな 1 枚の花弁であり，竜骨弁は 2 枚の花弁が融合したものである。(D) イベリスの花。いずれの花弁も左右相称であるが，背側と腹側で大きくサイズが異なる。

ミヤコグサとエンドウ（マメ科）

マメ科の花には，形と大きさの異なる3つのタイプからなる5枚の花弁が生じる。各花弁には名称が付けられており，背側には大きな1枚の**旗弁**（standard），側生には2枚の**翼弁**（wing），腹側には小さな2枚の**竜骨弁**（keel）が形成される（図 8.4C）。マメ科のモデル植物であるミヤコグサ（*Lotus japonicus*）やエンドウ（*Pisum sativum*）で分子遺伝学的研究が進められた結果，いずれの植物でも，キンギョソウの*CYC*や*DICH*に類似したTCP遺伝子（*CYC*ホモログ）が背側花弁のアイデンティティーを決定していることが判明した。例えば，ミヤコグサでは，2つの*CYC*ホモログ（*LjCYC2*と*KEW1*）が冗長的に背側アイデンティティーを制御しており，この二重変異体では，5枚すべての花弁が腹側のような形態に変化する。また，*LjCYC2*を過剰発現させると，腹側花弁が背側アイデンティティーを示すようになる。

イベリス（アブラナ科）

アブラナ科は約350の属から構成されており，ほとんどの属はシロイヌナズナと同じような放射相称の花を生じる。例外的にイベリス属など3つの属が左右相称の花を分化する。アブラナ科内の進化過程で，これらの属が左右相称性を獲得したと考えられている。

イベリス（*Iberis amara*）は，背側に2枚の小さな花弁を，腹側に2枚の大きな花弁を形成する（図 8.4D）。この花弁のサイズの差は花の成長の後期になるほど顕著であり，この差は細胞の伸長ではなく，細胞の増殖に依存している。イベリスの*CYC*ホモログ（*IaCYC*）の発現を調べると，野生型では腹側に比べて背側の花弁で非常に強く発現していることが判明した。一方，背側花弁が腹側花弁のように大きくなる自然変異系統を調べたところ，*IaCYC*の発現は野生型と比べて大きく減少していた。したがって，野生型の背側花弁では，*IaCYC*が強く発現することにより細胞増殖が抑制され，小さなサイズの花弁になると推定される。遺伝学的な証拠はまだないが，このように，アブラナ科でも*CYC*ホモログのはたらきによって花の左右相称性が獲得されたと推定されている。

花の非対称性制御機構の保存性

　被子植物の真正双子葉類は，キク類とバラ類に大きく分けられる（第2章，図 2.1 参照，p.11）。キンギョソウやホソバウンランはキク類に，ミヤコグサやイベリスはバラ類に属する植物である。本節で述べてきたように，これらの植物ではキンギョソウの CYC ホモログが背側花弁のアイデンティティーの制御に共通して関与している。キンギョソウ，ミヤコグサ，イベリスは，いずれも進化の過程で独立に左右相称性を獲得してきた。つまり，放射相称から左右相称への形態変化に際し，CYC ホモログは独立にリクルートされてきたことになる。したがって，CYC ホモログは，被子植物の花の形態イノベーションの鍵遺伝子の1つといえよう。

　キンギョソウの cyc 変異は，花弁や雄蕊の数の増加を伴う。しかしながら，キンギョソウとは遠縁のミヤコグサばかりでなく同じオオバコ科のホソバウンランでも，CYC ホモログの変異は花器官数に影響を与えない。すなわち，CYC ホモログが背側花弁のアイデンティティーを決定していることは真正双子葉類で保存されているが，花の器官数の制御についてはキンギョソウに特有のことである。

　キンギョソウやミヤコグサでは，CYC ホモログは背側花弁で細胞増殖を促進しており，変異体ではそのサイズが減少する。一方，イベリスの背側花弁では，その細胞増殖を抑制している。また，前二者では，背側花弁の対称性に関わっているのに対し，イベリスでは背側花弁も腹側同様ほぼ左右対称であり，CYC は花弁の対称性には関わっていない。これらの違いは，CYC が制御する下流遺伝子の違いに依存していると考えられる。このような CYC ホモログの機能の違いや下流遺伝子のはたらきが，さらに多様な花の形態と関わっているのであろう。

8.2 花の雌雄性の決定機構

8.2.1 花の性

両性花と単性花

第5章でABCモデルの解説に用いたシロイヌナズナやキンギョソウ，イネの花は，1つの花の中に雌蕊と雄蕊の両方を生じる**両性花**（hermaphrodite, bisexual flower）である。被子植物では，90％近くの種が両性花を生じる。一方，1つの花の中に雌蕊あるいは雄蕊のいずれか一方のみを分化する**単性花**（unisexual flower）を生じる種も存在する。雌蕊のみを生じる花を**雌花**（female flower），雄蕊のみを生じる花を**雄花**（male flower），雌蕊と雄蕊がともに退化している花を**中性花**（neutral flower）という。単性花を生じる場合でも，1つの個体内に雌花と雄花を生じる**雌雄同株植物**（monoecious plant）と，雌花と雄花が別々の植物体に生じる**雌雄異株植物**（dioecious plant）とが存在する。それぞれ，被子植物の6％程度を占めている。

花の性の決定

雌雄異株植物の中には**性染色体**（sex chromosome）が分化しており，性染色体により個体の性が決定されることにより，雌花または雄花が生じる場合がある。この例としては，ナデシコ科のヒロハノマンテマ（*Silene latifolia*）などが良く知られており，ヒトと同様，XとY染色体の組み合せにより性が決定され，XX個体が雌花を，XY個体が雄花を生じる。しかしながら，性染色体による性決定は被子植物の中では稀であり，多くの被子植物は**常染色体**（autosome）のみをもち，遺伝子の発現制御により花の性が決定される。この中には，**ジベレリン**（gibberellin）や**エチレン**（ethylene）などの植物ホルモンの合成やシグナル伝達に関わる遺伝子が含まれている。また，光周期や栄養条件のような環境要因が花の性決定に関与している場合もある。

被子植物の進化と単性花の出現

多様な被子植物が進化する過程で，両性花を着生する植物から単性花を着生する植物が出現してきた。その出現は被子植物のいろいろな系統でみられ

8.2 花の雌雄性の決定機構

ることから,単性花を生じるしくみは進化の過程で何度も獲得されたと考えられる。また,単性花といっても,雌花の中には雄蕊の,雄花の中には雌蕊の痕跡が見られる場合が多い。単性花の発生過程をみると,初期には雌蕊と雄蕊の原基がともに分化を開始するが,その後一方の器官は正常に発生が進行するのに対し,他方の器官では発生が阻害され退化痕として残る。したがって,花の性決定のしくみは,雌蕊または雄蕊の発生を選択的に阻害する遺伝子作用と言い換えることができる。

8.2.2 トウモロコシの花序と花

花序の性分化

トウモロコシの雌花と雄花は,それぞれ独立の花序に形成される。すなわ

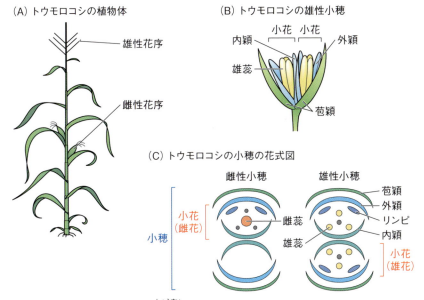

図 8.5 トウモロコシの小穂構造
(A) トウモロコシの植物体。(B) トウモロコシの雄性小穂。上位と下位の小花(雄花)は,内穎を背中合わせとして,鏡像対称に着生する。
(C) トウモロコシの小穂の花式図。雄性小穂では,2つの小花が正常に発育するのに対し,雌性小穂では,発生途中で下位小花が退化する。

ち，花序メリステムが形成された時点で，雌花が分化するのか雄花が分化するのかはすでに決定されている。これは，1つのブランチ上に雌花と雄花がともに形成されるメロンなどとは大きく異なっている（8.2.6 参照）。トウモロコシでは，雄花を生じる**雄性花序**（tassel）は植物体の頂端部に，雌花を生じる**雌性花序**（ear）は葉の腋に形成される（図 8.5A）。

雌花と雄花

トウモロコシには，他のイネ科植物と同様，**小穂**（spikelet）・**小花**（floret）という特殊な花序単位がある（図 8.5, 5.3.1 参照）。小穂や小花は，花序メリステム，ブランチメリステム，小穂対メリステムなどのメリステムを経て形成される（コラム 6.3, p.135 の図参照）。**小穂メリステム**（spikelet meristem）からは 2 個の**小花メリステム**（floret meristem）が分化する。雄性花序では 2 個の小花メリステムが正常に発生するので，1 つの小穂メリステムから 2 つの小花が形成される。一方，雌性花序では，下位小花の発生が阻害されるため，1 つの小穂メリステムから，最終的には 1 つの小花（上位小花）のみが形成される。

雄性小穂（male spikelet）では，2 つの小花が 1 対の**苞穎**（glume）によって包まれている。**雄性小花**（male floret; 雄花）は，1 枚の外穎と内穎，2 個のリンピ，3 本の雄蕊からなる。心皮原基は分化するが，発生途中で退化する（図 8.5B,C）。一方，**雌性小穂**（female spikelet）には，1 枚の外穎と内穎，2 個のリンピ，1 本の雌蕊からなる 1 つの**雌性小花**（female floret; 雌花）が形成される。雄蕊原基は分化するものの，その発生は途中で停止する（図 8.5C）。

8.2.3　トウモロコシの雌花形成に関与する遺伝子

ANTHER EAR1（*AN1*）と *DWARF3*（*D3*）遺伝子[8-1]

トウモロコシでは，古くから花の性が異常となった変異体が多数見いだされている（図 8.6）。雌花の形成が異常となったものとしては，*an1* や *d1*, *d3*, *d5* などの劣性変異体，*d8-d* や *d9-d* などの不完全優性変異体が知られ

[8-1] トウモロコシの遺伝子名表記法については，第 3 章のコラム 3.1（p.26）参照。

8.2 花の雌雄性の決定機構

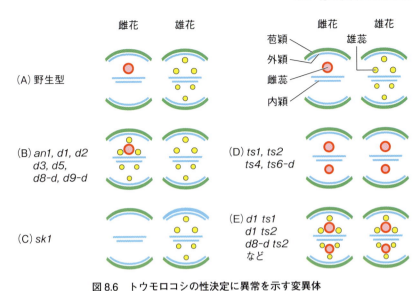

図 8.6　トウモロコシの性決定に異常を示す変異体
(B)–(D) 単独変異体。(E) 二重変異体。

ており，花の性の異常の他に植物体全体の成長が阻害される矮性形質を示す。これらの変異体の雌性花序[※8-2]では，雌花の代わりに両性花が形成される（図8.6B）。雄性花序には通常通り雄花が着生するので，1つの個体に両性花と雄花とが同時に着生することになる。このような植物を，一般に，**雄性両性花同株**（andromonoecious）という。*an1* や *d3* 変異体などで雌花の代わりに両性花が分化するのは，雄蕊の退化が起こらないためである。したがって，*AN1* や *D3* 遺伝子は，本来，雌花において雄蕊の発生を阻害する役割を担っていることになる。

　AN1 や *D3* 遺伝子が単離された結果，いずれも，ジベレリン合成に関与する酵素をコードしていることが判明した。実際，これらの変異体では内生のジベレリン量が野生型と比べて低下している。また，ジベレリンを投与す

※8-2　両性花を形成するのに雌性花序というのは矛盾するが，本章では，形成される花の性にかかわらず，野生型において，雄花を付ける植物体の頂端部に生じる花序を雄性花序，雌花を付ける葉の腋に生じる花序を雌性花序と呼ぶことにする。

ると，これらの変異体でも雌性花序に雌花が分化（雄蕊が退化）するようになる。一方，野生型の発生中の雄花では，ジベレリン量が100分の1以下に低下していた。これらの実験結果は，ジベレリン量が低いと雄蕊の形成が促進（退化が防止）されることを示唆している。以上を総合すると，野生型の雌性花序では，ジベレリンの作用により雄蕊の発生が阻害され，雌花が形成されると考えられる。

D8 遺伝子

一方，*d8-d* や *d9-d* などの不完全優性変異体では，ジベレリン量は野生型と違いはなく，しかも，ジベレリンを投与しても表現型は回復しない。*D8* 遺伝子は，ジベレリンシグナル伝達の負の制御因子である DELLA タンパク質をコードしている。一般に，ジベレリン非存在下では，DELLA タンパク質は下流遺伝子のプロモーター領域に結合し，その遺伝子の発現を抑制している。ジベレリンが存在すると DELLA タンパク質は選択的に分解され，その結果，下流の遺伝子が発現するようになる。しかしながら，*d8-d* 変異体の DELLA タンパク質はドミナントネガティブ変異（dominant negative mutation, コラム 8.1 参照）をもち，ジベレリンに応答した分解を受けないため，恒常的にジベレリンのシグナル伝達が抑えられていることになる。

以上のことから，雌花における雄蕊の発生阻害には，ジベレリンとそのシグナル伝達が必須であることが明らかとなってきた。野生型では，雌花の雄蕊発生中に，ジベレリンの作用によりプログラム細胞死が起こると考えられるが，その詳細なメカニズムの解明は今後の課題である。

SILKLESS1（*SK1*）遺伝子

silkless 変異体では，雄花は正常であるが，雌花で雌蕊の発生が停止してしまう。すなわち，雌性花序に着生するのは，雌蕊も雄蕊も形成されない中性花となる（図 8.6C）。*sk1* 変異体の雌花で雌蕊が退化する際，雌蕊組織の細胞で核の消失などが観察され，細胞死が起こっていることが示唆されている。この様子は，野生型の雄花における雌蕊の退化の場合と類似している。次項で述べる *TASSELSEED2*（*TS2*）遺伝子は，雌花の心皮原基で発現し，その細胞死を促進していると考えられている。この *TS2* 遺伝子は，正常に

発生する上位小花の心皮原基でも発現していることから，*SK1* は *TS2* の作用からこの原基を保護していることが推定されている．今後，*SK1* 遺伝子が同定されれば，この仮説を検証することができるであろう．

> **コラム 8.1　ドミナントネガティブ変異（優性阻害変異）**
>
> 　通常，機能をもつ正常型のタンパク質をコードしている遺伝子（アレル）が優性形質を，機能喪失した変異タンパク質をコードしているアレルが劣性形質を示す．この場合，ヘテロ接合体では，機能的なタンパク質の作用による優性形質が現れる．しかしながら，変異タンパク質が正常タンパク質の機能を阻害するような場合は，ヘテロ接合体であってもその遺伝子が機能を失った表現型を示す．すなわち，機能喪失の表現型が優性形質として現れる．これをドミナントネガティブ（優性阻害）変異という．例えば，ホモ二量体で機能するような転写因子の場合，変異タンパク質が転写を阻害するような変異をもっていると，正常型タンパク質と二量体を形成してもその機能を阻害するようになる．
>
> 　DELLA タンパク質はリプレッサー（抑制因子）としての機能をもつが，ジベレリンに応答して選択的に分解されることにより，その抑制効果が解除され，下流の遺伝子が発現するようになる．この分解には他のタンパク質との相互作用が必要である．この相互作用に関わる部位に変異があり，DELLA タンパク質が分解を受けないようになると，下流遺伝子の発現は恒常的に抑制される．ヘテロ接合体においては，ジベレリン存在下で野生型の DELLA タンパク質は分解されるが，変異型タンパク質は分解されることなく残っている．したがって，下流遺伝子の発現は抑制されたままとなり，ジベレリンによる作用は起こらない．

8.2.4　トウモロコシの雄花形成に関与する遺伝子

tasselseed（*ts*）と名づけられた一群の変異体では，雄花が雌花へと変化する．この変異体の名前は，雄性花序にもかかわらず，種子が形成されることに由来している．

第 8 章　多様な花の形態と遺伝子機能

TS1 と *TS2* 遺伝子

ts1 や *ts2* 変異体では，雄性花序に形成されるはずの雄花が，完全に雌花へと変化する（図 8.6D）。また，野生型の雌性花序では下位小花が退化するが，これらの変異体の小穂では下位小花も正常に発生を続け 2 つの雌花が形成される。

花の性決定に関わる遺伝子の中では，トウモロコシの *TS2* 遺伝子は最も早く同定された遺伝子である。*TS2* は，ある種の脱水素酵素をコードしていることが判明したものの，どのような代謝経路に関わっているのかは長い間不明であった。

一方，15 年以上のちに *TS1* 遺伝子が単離された結果，*TS1* は植物ホルモンの 1 つジャスモン酸（jasmonate）の合成に関わるリポキシゲナーゼ（lipoxygenase）をコードしていることが判明した。*ts1* 変異体では，ジャスモン酸量が野生型の 10 分の 1 以下に低下していること，外生的ジャスモン酸の投与により *ts1* 変異が野生型へと復帰することが示されている。

ts1 ts2 二重変異体は，それぞれの単独変異体に類似していることから，*TS1* と *TS2* は同じ経路を制御していると推定される。さらに，ジャスモン酸投与により *ts2* 変異も回復することが示された。したがって，*TS1* と *TS2* は，ともにジャスモン酸の合成に関わっており，雄花における雌蕊の発生阻害にはジャスモン酸の作用が必要であると考えられている。

ts1 変異体では *TS2* の発現が見られないことから，*TS1* は *TS2* の発現に関与する可能性が示唆されている。これは，ジャスモン酸合成経路の遺伝子が，最終産物であるジャスモン酸により正のフィードバック制御を受けていることと関連しているのかもしれない。

TS4 と *TS6* 遺伝子

ts4 と *ts6-d* 変異体の雄性花序においても，雄花が雌花へと変化する（図 8.6D）。*ts4* は劣性の，*ts6-d* は優性の変異体である。これらの変異体では，花の性以外に，雄性花序のブランチ数の増加や多数の小花形成など，メリステムの有限性が損なわれたときに生じる表現型も示す（コラム 6.3 参照，p.135）。

遺伝子が同定された結果，*TS4* 遺伝子はマイクロ RNA の 1 つ

miRNA172e をコードしていること，*TS6* は AP2 ファミリーの転写因子をコードする *INDETERMINATE SPIKELET1*（*IDS1*）と同一の遺伝子であることが判明した．miRNA172 は，AP2 ファミリーに属する遺伝子を標的として，転写あるいは翻訳段階でその発現を抑制している．*IDS1*（*TS6*）の mRNA は miRNA172e が結合する配列をもっているため，野生型ではその発現は miRNA172e によって負に制御されている．一方，*ts6-d* 変異体の *IDS1* 遺伝子には塩基置換が起きているため，その mRNA は miRNA172e に対して耐性となっている．

IDS1（*TS6*）遺伝子による心皮分化の促進と *TS4* による負の制御

IDS1 の mRNA と miRNA172e は小穂や小花メリステムの基部のやや異なる領域で発現しており，その空間的発現パターンは雌花と雄花で変わらない．しかし，花器官原基が分化する頃になると，両者の間に違いが見られるようになる．野生型における IDS1 タンパク質を調べると，雌花では心皮（雌蕊）原基の基部で発現しているのに対し，雄花では将来退化する心皮原基においてその発現がほとんど検出されなくなる．一方，*ts4* や *ts6-d* 変異体では，雄性花序の花においても心皮原基で IDS1 タンパク質の発現が検出される．これらの結果は，IDS1 が心皮原基の発生を促進していること，IDS1 タンパク質の発現は *TS4* 遺伝子によって負に制御されていることを示している．

野生型の雄花（雄性花序）では，*TS4* 遺伝子が生産する miRNA172e によって，IDS1 の発現が抑制されるため，心皮の分化は持続せず退化する（図 8.7A）．一方，*ts4* 変異体の雄性花序では miRNA172e が生産されないため，IDS1 が機能する（図 8.7B）．*ts6-d* 変異体では，*IDS1* が miRNA172e に対して耐性であるため，抑制効果が現れない（図 8.7C）．すなわち，*ts4* や *ts6-d* 変異体では，雄性花序の花においても IDS1 が機能するため，心皮原基は退化することなく雌蕊へと発生するのである．

8.2.5　トウモロコシの性決定遺伝子とメリステムの制御

性決定遺伝子の相互作用

d1 ts1 や *d8-d ts2* などの二重変異体を作製すると，雌性・雄性花序とも

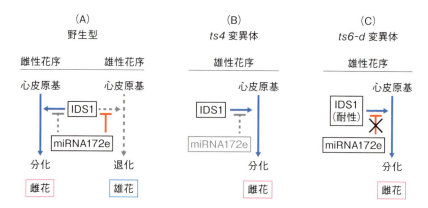

図 8.7　IDS1 と miRNA172e が関与する性決定
IDS1（TS6）タンパク質の発現は，miRNA172e によって負に制御されている。ts6-d 変異体では，IDS1 mRNA の miRNA172e 標的部位に変異があるため，負の制御が機能しない。ts4 および ts6-d 変異体でも，雌性花序の雌花は野生型と同様に分化する。

に両性花が形成される（図 8.6E）。すなわち，雄花形成に必要な遺伝子と雌花形成に必要な遺伝子は，独立に作用していると考えられる。また，雄花形成に関与する2つのクラスの遺伝子（TS1-TS2 クラスと TS4-TS6 クラス）の間の二重変異体では，両者の変異が相乗的に昂進した表現型が現れる。これは，この2つのクラスの TS 遺伝子が独立の経路で雄花形成に関わっていることを示している。すなわち，IDS1 による下流遺伝子の制御とジャスモン酸の作用とは，互いに関連していないと考えられる。

性決定とメリステムの制御

ts1 や ts2 変異体では，雌花の下位小花の退化が見られない。つまり，TS1 と TS2 遺伝子は，雄花においては雌蕊の発生を阻害し，雌花では下位小花の発生も阻害していることになる。また，ts4 や ts6-d 変異体では，ブランチ数が増加し，小花の数も多くなる。これは，花序メリステムや小穂メリステムの有限性が損なわれていることを示している[※8-3]（コラム 6.3 参

[※8-3]　IDS1（TS6）遺伝子は，性決定に関わることが判明する以前から，小穂メリステムの有限性を制御する主要遺伝子として報告されていた。

照, p.135)。このように, 性決定とメリステムの制御とは密接に関連している。今後, ジャスモン酸や *IDS1* 遺伝子によって制御される下流の遺伝子を同定しその機能を解明することによって, 性決定とメリステム制御とがどのように関わっているのかが明らかになることが期待される。

8.2.6 メロンの性決定に関わる遺伝子
メロンの性決定の遺伝的制御

メロン（*Cucumis melo*）やキュウリ（*C. sativus*）では, 植物ホルモンのエチレン（ethylene）が性決定に重要な役割を果たすことが知られており, 多くの生理学的研究がなされていた。例えば, 雌雄同株にエチレンを投与するとすべて雌花になり, 雌性株にエチレンの合成阻害剤を投与すると両性花になる。すなわち, エチレンは雄蕊分化を阻害することが示唆されていた。しかしながら, 生理学的な研究ではその詳しい作用機作は不明であった。性決定に関わる変異体を用いた分子遺伝学的研究により, この10年ほどの間に, メロンの花の雌雄分化の分子機構の理解が急速に深まってきた。

メロンは雌雄同株植物で, 1つの個体内に雌花と雄花を付ける。しかし, トウモロコシのような花序の雌雄分化は見られない。メロンには, 性決定に関与する *A* と *G* の2つの遺伝子座が知られており, これら2つの遺伝子座の遺伝子型により, 図8.8のようなパターンで各タイプの花が着生する。野生型（*AAGG*）は雌雄同株であり, 雌花はブランチの基部の3つの**節**（node）に着生し, 雄花は主茎とブランチの第4節より先端に着生する (図8.8A)。*aaG*-[※8-4] の遺伝子型をもつ系統は両性花と雄花を着生する雄花両性花同株（andromonoecious）に, *A*-*gg* をもつ系統はすべて雌花を着生する**雌性株**（gynoecious）に, *A* と *G* 両者の遺伝子がともに機能を失うと（*aagg*）すべて両性花が着生する**雌雄両全株**（hermaphrodite）になる。

[※8-4] ここでは煩雑さを避けるため, *G*- の表記で *GG* または *Gg* を, *A*- で *AA* または *Aa* を示すことにする。

第 8 章　多様な花の形態と遺伝子機能

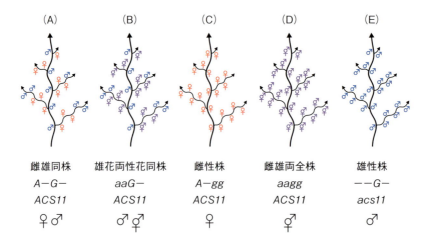

図 8.8　メロンの性決定が異常となった変異体
メロンの性決定には，*CmACS7*（*A*），*CmWIP1*（*G*）および *CmACS11* 遺伝子が関与する。−（ハイフン）は，*A*, *a* または *G*, *g* どちらのアレルでも良いことを示す。雄性株（E）では，*A* 遺伝子座の遺伝子型には依存しない。(Boualem *et al.* (2015) Science より改変)

A 遺伝子＝ *CmACS7* 遺伝子

雄花両性花同株（*aaG*−）や雌雄両全株（*aagg*）など，*A* 遺伝子が機能を完全に喪失した系統では，雌花の代わりに，雄蕊をもつ両性花が形成されるようになる（図 8.8B, D）。したがって，*A* 遺伝子は雄蕊の発生を阻害することにより，雌花形成に関わっていると考えられる。遺伝子が単離された結果，*A* 遺伝子は植物ホルモンエチレンの合成経路に関わる 1-aminocyclopropane-1-carboxylic acid（ACC）合成酵素（ACC synthase; ACS）をコードしていることが判明した。ACC 合成酵素は，*S*-アデノシルメチオニン（*S*-adenosyl methionine）から ACC がつくられる反応を触媒し，エチレン合成の律速段階を触媒する鍵酵素である。ACC 合成酵素をコードする遺伝子は複数存在するが，*A* 遺伝子は *CmACS7* 遺伝子に相当する。*CmACS7* は雌花の心皮原基で発現することから，エチレン作用を介して雄蕊原基に細胞非自律的に作用しその発生を阻害していると考えられる。

G 遺伝子 = CmWIP1 遺伝子

一方，G 遺伝子は，C2H2 型の zinc finger モチーフをもつ転写因子をコードしており，シロイヌナズナの WIP1 遺伝子と非常に類似性の高い遺伝子である。花の発生過程で CmWIP1 の発現を調べると，雄性株の雄花では退化に向かう心皮原基で発現している。一方，雌性株の雌花ではその発現が認められない。これは，CmWIP1 が雌蕊の発生を阻害していることを示唆している。また発現解析の結果，CmWIP1 が CmACS7 の発現を抑制していることも判明している。

CmACS7 と CmWIP1 遺伝子のはたらきから，雌性株（A−gg）や雌雄全株（aagg）の花の分化パターンは良く説明できる。すなわち，CmWIP1 のみの機能が失われると（A−gg），雌蕊の発生阻害のみがなくなるので，雌花のみが生じる（図 8.9A）。また，CmACS7 と CmWIP1 の両者の機能が失われると（aagg），雌蕊と雄蕊はともに発生が阻害されることがないので，すべて両性花が生じることになる（図 8.9B）。

8.2.7 メロンの雌雄同株における性決定機構

それでは，雌雄同株（A−G−）では，どのようにして雄花と雌花の分化が制御されているのであろうか？

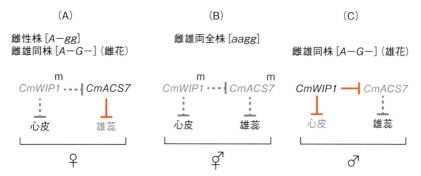

図 8.9　CmWIP1（G 遺伝子）と CmACS7（A 遺伝子）の作用
遺伝学的には，CmWIP1 は心皮の，CmACS7 は雄蕊の抑制因子としてはたらいている。2 つの抑制作用のない雌雄両全株（aagg）では，すべて両性花となる。m はその遺伝子が機能を失っていることを，T 字バーは抑制作用を示す。

CmACS11 遺伝子

この疑問は，ACS11 遺伝子の局所的な発現の ON/OFF として説明されるようになった。ACS11 は，キュウリですべてが雄花になる変異体の原因遺伝子として発見された。メロンとキュウリの性決定機構は類似していることから，メロンにおいて CmACS11 遺伝子を破壊したところ，すべて雄花を着生し（図 8.8E）[※8-5]，この遺伝子の機能がメロンでも保存されていることが示された。CmACS11 は，CmACS7 と同様，ACC 合成酵素をコードしており，エチレン合成の鍵遺伝子の 1 つである。さらに，CmACS11 は，CmWIP1 の発現を負に制御していることも判明した。

前項の結果も併せると，図 8.10 のような遺伝子ネットワークによってメロンの性決定が制御されていると考えられている。

雌雄同株（$A-G-$）で CmACS11 の発現を調べたところ，発生中の雌花の維管束の篩部領域で発現していることが判明した。一方，雄花では，CmACS11 の発現は検出されなかった。したがって，雌花の発生過程では，CmACS11 が CmWIP1 の発現を抑制するため，雌蕊が形成されるように

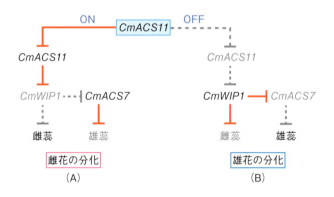

図 8.10 メロンの花の性決定
雌雄同株における雌花と雄花の分化は，発生中の花の維管束における CmACS11 の発現の ON/OFF によって制御される。(A) CmACS11 が発現すると雌花が，(B) 発現が抑制されていると雄花が分化する。

※ 8-5　すべて雄花からなる系統を雄性株（androecious）という。

なる．このとき，*CmACS7* の発現は抑制されないため，雄蕊の発生は阻害される（図 8.10A）．一方，発生中の雄花では，*CmACS11* は発現しないので *CmWIP1* が機能し，雌蕊の発生が阻害され，*CmACS7* の発現は抑制されるので雄蕊は正常に発生する（図 8.10B）．以上のように，雌雄同株では *CmACS11* の局所的な発現の有無によって，雌花と雄花の分化が制御されている．

雄花両性花同株（*aaG-*）では，雌雄同株で雌花が生じる位置に両性花が着生する（図 8.8B）．この位置では *CmASC11* の作用により *CmWIP1* が抑制されるため，心皮の分化が可能である．また，この系統では *CmASC7* の機能が欠損しているため雄蕊分化は抑制されず，両性花が生じることになる．

このように，雌雄同株や雄花両性花同株では，*CmACS11* の局所的な発現の ON/OFF によって，1 つのブランチ内にどのようなタイプの花が分化するのかが決定されているのである．

エチレンと性決定

CmACS11 は，*CmACS7* と同様，エチレン合成の鍵酵素をコードしているので，メロンやキュウリではエチレンが性決定に大きな役割を果たしていることになる．*CmACS11* は維管束で発現しているのに対し，*CmWIP1* は心皮原基で発現している．雌花では維管束で発現している *CmACS11* が，心皮原基での *CmWIP1* の発現を抑制していることになる．すなわち，雌花の発生過程では，維管束細胞で生成したエチレンが，心皮原基へ細胞非自律的に作用していると考えられる．雌雄同株系統などでは，同じブランチ上で雌花と雄花が形成されることから，このエチレンの作用は非常に局所的であることが推定される．さらに，同じ酵素をコードしている *CmACS7* は心皮原基で発現するが，その効果は雄蕊の発生阻害として現れる．ここでも，局所的に生成されたエチレンが細胞非自律的にはたらいている．このように，微環境でのエチレンの局所的作用が，メロンなどの性決定に重要な役割を果たしているのである．

あとがき

　本書執筆の構想から早くも4年半以上が経過し，出版が予定より大幅に遅れることとなった．これは，ひとえに，平野の力不足のためである．研究の進展が速い分野であるので，はじめのころに書いた章については，一部加筆・修正を加えることになった．本書は講義をたたき台としており出版後は講義でも使用する予定であったが，大幅な遅延のため平野が講義で使用できるのはあとわずか2年間のみである．しかし，こうして無事出版され，この間の肩の荷がおりたというのが実感である．本書が，植物発生学や植物科学に興味をもつ若い研究者や学生たちに，少しでもお役に立てば幸いである．

　本書を上梓するにあたり，まず，両著者の学問上の師である米田好文先生（東京大学名誉教授）に感謝申し上げます．米田先生には研究の楽しさや厳しさを教えていただき，私たちが研究者として独立した後でも常に激励していただきました．
　本書を執筆・作成するにあたり，以下の方々にたいへんお世話になりました．長田敏行先生（東京大学名誉教授・法政大学名誉教授）には，本書を執筆する機会を与えていただきました．山口暢俊博士（奈良先端科学技術大学院大学），David Jackson博士，Byoung Il Je博士（Cold Spring Harbor Laboratory）には，シロイヌナズナやトウモロコシの変異体の写真を提供していただきました．また，平野研究室の在籍者や出身者の方々にもお世話になりました．田中若奈博士や，寿崎拓哉博士（筑波大学），鳥羽大陽博士（現東北大学），杉山茂大君にはイネの写真を提供していただき，また鈴木千絵さんにはイラスト作成のための原図の描画を行っていただきました．田中若奈博士や安居佑季子博士，大学院生の久保文香さん，鈴木千絵さん，杉山茂大君には，原稿を読んでいただきいろいろなご意見をいただきました．その貴重なご意見は本書の改善に大いに役立ちました．カバー袖のABCモデルのイラストは平野亮子さんに描いてもらいました．最後になりましたが，裳華房の野田昌宏さんと筒井清美さんには，遅筆の私たちの作業を辛抱強く待っていただくとともに，丁寧な校正作業を行っていただきました．以上の皆さまのご協力に心より感謝申し上げます．

平野 博之，阿部 光知

略語表

A～C

ABPH: ABPHYL
ACC: 1-aminocyclopropane-1-carboxylic acid
ACS: ACC synthase（ACC 合成酵素）
AG: AGAMOUS
AGL: AGAMOUS-LIKE
AHK: ARABIDOPSIS HISTIDINE KINASE
AIL: AINTEGUMENTA-LIKE
ALC: ALCATRAZ
Am: Antirrhinum majus
AN: ANTHER EAR
ANT: AINTEGUMENTA
AP: APETALA
APG: angiosperm phylogeny group（被子植物系統グループ）
ARF: AUXIN RESPONSE FACTOR
ARR: ARABIDOPSIS RESPONSE REGULATOR
At: Arabidopsis thaliana
BEL: BELL
bHLH: basic helix-loop-helix
BiFC: bimolecular fluorescence complementation（蛍光タンパク質再構成法）
CAL: CAULIFLOWER
CAS9: CRISPR-associated protein9
CDF: CYCLING DOF FACTOR
CLV: CLAVATA
Cm: Cucumis melo
CO: CONSTANS
CRC: CRABS CLAW
CRISPR: clustered regularly interspaced short palindromic repeats
CRN: CORYNE
CT: COMPACT PLANT
CYC: CYCLOIDEA
CZ: central zone（中央領域）

D～F

D: DWARF
DEF: DEFICIENS
DEX: dexamethasone
DIC: DICHOTOMA
DIV: DIVARICATA
DL: DROOPING LEAF
EHD: EARLY HEADING DATE
EMSA: electrophoretic mobility shift assay（電気泳動移動度シフト解析）
ES cell: embryonic stem cell（胚性幹細胞，ES 細胞）
ETT: ETTIN
evo-devo: evolutionary developmental biology（進化発生学，進化発生生物学）
FCP: FON2-LIKE CLE PROTEIN
FEA: FASCIATED EAR
FKF: FLAVIN-BINDING, KELCH REPEAT, F BOX
FLC: FLOWERING LOCUS C
FLO: FLORICAULA
FM: floret meristem（小花メリステム）
FM: flower meristem（花メリステム，花分裂組織）
FON: FLORAL ORGAN NUMBER
FOS: FON2 SPARE
FT: FLOWERING LOCUS T
FUL: FRUITFULL

略語表

G〜I

G1: GLUME1
GFP: green fluorescent protein（緑色蛍光タンパク質）
GHD: GRAIN NUMBER, PLANT HEIGHT AND HEADING DATE
GI: GIGANTEA
GLO: GLOBOSA
GYM: GYMNOS
HBD: hormone binding domain（ホルモン結合部位）
HD: HEADING DATE
HEC: HECATE
Ia: Iberis amara
IDS: INDETERMINATE SPIKELET
IM: inflorescence meristem（花序メリステム，花序分裂組織）
IND: INDEHISCENT
INO: INNER NO OUTER

K〜M

KAN: KANADI
KN: KNOTTED
KNU: KNUCKLES
LC-MS: liquid chromatography-mass spectrometry（液体クロマトグラフィー - 質量分析計）
LFY: LEAFY
LHD: LATE HEADING DATE
LHS: LEAFY HULL STERILE
LIP: LIPLESS
LOG: LONELY GUY
LRR: leucine-rich repeat（ロイシンリッチリピート）
LUG: LEUNIG
miR: micro RNA（マイクロ RNA）
MP: MONOPTEROS
MS: mass spectrometry（質量分析法）

N〜P

NGA: NGATHA
NZZ: NOZZLE
OC: organizing center（形成中心）
Os: Oryza sativa
OsETT: OsETTIN
OSH: ORYZA SATIVA HOMEOBOX
OsPHB: OsPHABULOSA
PAN: PERIANTHIA
PcG: polycomb group（ポリコームグループ）
PEBP: phosphatidylethanolamine binding protein
PHAN: PHANTASTICA
PHB: PHABULOSA
PHV: PHAVOLUTA
PI: PISTILLATA
PID: PINOID
PIN: PINFORMED
PLE: PLENA
PLT: PLETHORA
POL: POLTERGEIST
PZ: peripheral zone（周辺領域）

Q〜S

QTL: quantitative trait loci（量的形質遺伝子座）
RA: RAMOSA
RAD: RADIALIS
RAM: root apical meristem（根端メリステム，根端分裂組織）
RDR: RNA-dependent RNA polymerase（RNA 依存性 RNA ポリメラーゼ）
REV: REVOLUTA
rol: rod-like lemma
RPK: RECEPTOR-LIKE PROTEIN KINASE
RZ: rib zone（リブ領域）

SAM: shoot apical meristem（シュート頂メリステム，茎頂メリステム，茎頂分裂組織）
SEP: SEPALLATA
SEU: SEUSS
SHL: SHOOTLESS
SHP: SHATTERPROOF
SI: SILKY
SK: SILKLESS
SM: spikelet meristem（小穂メリステム）
SOC: SUPRESSOR OF OVEREXPRESSION OF CO
SPL: SPOROCYTELESS
SPL: SQUAMOSA PROMOTER BINDING PROTEIN-LIKE
SPM: spikelet pair meristem（小穂対メリステム）
SPT: SPATULA
SPW: SUPERWOMAN
STK: SEEDSTICK
STM: SHOOT MERISTEMLESS
STY: STYLISH
sup: superman

T〜W
T-DNA: transfer DNA
ta-siRNA: trans-acting small interfering RNA
TAB: TILLERS ABSENT
TALEN: transcription activator-like effector nuclease（TALE ヌクレアーゼ）
TAW: TAWAWA
TB: TEOSINTE BRANCHED
TCP: TEOSINTE BRANCHED1, CYCLOIDEA, PCF
TD: TASSEL DWARF
TEM: TEMPRANILLO
TFL: TERMINAL FLOWER
Ti: tumor-inducing（腫瘍誘導性）
TILLING: targeting induced local lesions in genomes
TOE: TARGET OF EAT
TS: TASSELSEED
TSF: TWINSISTER OF FT
UFO: UNUSUAL FLORAL ORGANS
WOX: WUS-RELATED HOMEOBOX
WUS: WUSCHEL

Y〜Z
YUC: YUCCA
ZFN: zinc finger nuclease
Zm: Zea mays

参考文献

第1章, 第2章

[専門書・参考書]

Leyser, O., and Day, S. (2003) "Mechanisms in Plant Development" (Oxford: Blackwell Science Ltd.).
Riechmann, J.L., and Wellmer, F. (eds) (2014) "Flower Development" (New York: Springer), pp. 57-84.
Wolpert, L., and Tickle, C. (2011) "Principles of Development" (Oxford: Oxford University Press).

第3章

[専門書・参考書]

Steeves, T.A., and Sussex, I.M. (1989) "Patterns in Plant Development" (Cambridge, UK: Cambridge University Press).

[総説]

Aichinger, E., Kornet, N., Friedrich, T., and Laux, T. (2012) Plant stem cell niches. Annu. Rev. Plant Biol., **63**: 615-636.
Ha, C.M., Jun, J.H., and Fletcher, J.C. (2010) Shoot apical meristem form and function. Curr. Top. Dev. Biol., **91**: 103-140.
Pautler, M., Tanaka, W., Hirano, H.Y., and Jackson, D. (2013) Grass meristems I: shoot apical meristem maintenance, axillary meristem determinacy and the floral transition. Plant Cell Physiol., **54**: 302-312.
Schaller, G.E., Street, I.H., and Kieber, J.J. (2014) Cytokinin and the cell cycle. Curr. Opin. Plant Biol., **21**: 7-15.
Somssich, M., Je, B.I., Simon, R., and Jackson, D. (2016) CLAVATA-WUSCHEL signaling in the shoot meristem. Development, **143**: 3238-3248.

[論文]
シロイヌナズナ

Brand, U., Fletcher, J.C., Hobe, M., Meyerowitz, E.M., and Simon, R. (2000) Dependence of stem cell fate in Arabidopsis on a feedback loop regulated by *CLV3* activity. Science, **289**: 617-619.
Busch, W., Miotk, A., （中略, 10名）and Lohmann, J.U. (2010) Transcriptional control of a plant stem cell niche. Dev. Cell, **18**: 849-861.
Chickarmane, V.S., Gordon, S.P., Tarr, P.T., Heisler, M.G., and Meyerowitz, E.M. (2012) Cytokinin signaling as a positional cue for patterning the apical-basal axis of the growing *Arabidopsis* shoot meristem. Proc. Natl. Acad. Sci. USA, **109**: 4002-4007.
Clark, S.E., Running, M.P., and Meyerowitz, E.M. (1993) *CLAVATA1*, a regulator of meristem and flower development in *Arabidopsis*. Development, **119**: 397-418.
Clark, S.E., Williams, R.W., and Meyerowitz, E.M. (1997) The *CLAVATA1* gene encodes a putative receptor kinase that controls shoot and floral meristem size in *Arabidopsis*. Cell, **89**: 575-585.
Fletcher, J.C., Brand, U., Running, M.P., Simon, R., and Meyerowitz, E.M. (1999) Signaling of cell fate decisions by *CLAVATA3* in *Arabidopsis* shoot meristems. Science, **283**: 1911-1914.
Kinoshita, A., Betsuyaku, S., Osakabe, Y., Mizuno, S., Nagawa, S., Stahl, Y., Simon, R., Yamaguchi-Shinozaki, K., Fukuda, H., and Sawa, S. (2010) RPK2 is an essential receptor-like kinase that transmits the CLV3 signal in Arabidopsis. Development, **137**: 3911-3920.

参考文献

Kondo, T., Sawa, S., Kinoshita, A., Mizuno, S., Kakimoto, T., Fukuda, H., and Sakagami, Y. (2006) A plant peptide encoded by *CLV3* identified by in situ MALDI-TOF MS analysis. Science, **313**: 845-848.

Laux, T., Mayer, K.F.X., Berger, J., and Jürgens, G. (1996) The *WUSCHEL* gene is required for shoot and floral meristem integrity in *Arabidopsis*. Development, **122**: 87-96.

Leibfried, A., To, J.P.C., Busch, W., Stehling, S., Kehle, A., Demar, M., Kieber, J.J., and Lohmann, J.U. (2005) WUSCHEL controls meristem function by direct regulation of cytokinin-inducible response regulators. Nature, **438**: 1172-1175.

Mayer, K.F., Schoof, H., Haecker, A., Lenhard, M., Jürgens, G., and Laux, T. (1998) Role of *WUSCHEL* in regulating stem cell fate in the *Arabidopsis* shoot meristem. Cell, **95**: 805-815.

Müller, R., Bleckmann, A., and Simon, R. (2008) The receptor kinase CORYNE of *Arabidopsis* transmits the stem cell-limiting signal CLAVATA3 independently of CLAVATA1. Plant Cell, **20**: 934-946.

Ogawa, M., Shinohara, H., Sakagami, Y., and Matsubayashi, Y. (2008) Arabidopsis CLV3 peptide directly binds CLV1 ectodomain. Science, **319**: 294.

Ohyama, K., Shinohara, H., Ogawa-Ohnishi, M., and Matsubayashi, Y. (2009) A glycopeptide regulating stem cell fate in *Arabidopsis thaliana*. Nat. Chem. Biol., **5**: 578-580.

Schoof, H., Lenhard, M., Haecker, A., Mayer, K.F.X., Jürgens, G., and Laux, T. (2000) The stem cell population of *Arabidopsis* shoot meristems is maintained by a regulatory loop between the *CLAVATA* and *WUSCHEL* genes. Cell, **100**: 635-644.

Yadav, R.K., Perales, M., Gruel, J., Girke, T., Jönsson, H., and Reddy, G.V. (2011) WUSCHEL protein movement mediates stem cell homeostasis in the *Arabidopsis* shoot apex. Genes Dev., **25**: 2025-2030.

Zhao, Z., Andersen, S.U., Ljung, K., Dolezal, K., Miotk, A., Schultheiss, S.J., and Lohmann, J.U. (2010) Hormonal control of the shoot stem-cell niche. Nature, **465**: 1089-1092.

イネ，トウモロコシ

Bommert, P., Je, B.I., Goldshmidt, A., and Jackson, D. (2013) The maize Galpha gene *COMPACT PLANT2* functions in CLAVATA signalling to control shoot meristem size. Nature, **502**: 555-558.

Bommert, P., Nagasawa, N.S., and Jackson, D. (2013) Quantitative variation in maize kernel row number is controlled by the *FASCIATED EAR2* locus. Nat. Genet., **45**: 334-337.

Giulini, A., Wang, J., and Jackson, D. (2004) Control of phyllotaxy by the cytokinin-inducible response regulator homologue *ABPHYL1*. Nature, **430**: 1031-1034.

Je, B.I., Gruel, J., (中 略, 11 名) and Jackson, D. (2016) Signaling from maize organ primordia via FASCIATED EAR3 regulates stem cell proliferation and yield traits. Nat. Genet., **48**: 785-791.

Kurakawa, T., Ueda, N., Maekawa, M., Kobayashi, K., Kojima, M., Nagato, Y., Sakakibara, H., and Kyozuka, J. (2007) Direct control of shoot meristem activity by a cytokinin-activating enzyme. Nature, **445**: 652-655.

Ohmori, Y., Tanaka, W., Kojima, M., Sakakibara, H., and Hirano, H.-Y. (2013) *WUSCHEL-RELATED HOMEOBOX4* is involved in meristem maintenance and is negatively regulated by the CLE gene *FCP1* in rice. Plant Cell, **25**: 229-241.

Suzaki, T., Sato, M., Ashikari, M., Miyoshi, M., Nagato, Y., and Hirano, H.-Y. (2004) The gene *FLORAL ORGAN NUMBER1* regulates floral meristem size in rice and encodes a leucine-rich repeat receptor kinase orthologous to *Arabidopsis* CLAVATA1. Development, **131**: 5649-5657.

Suzaki, T., Toriba, T., Fujimoto, M., Tsutsumi, N., Kitano, H., and Hirano, H.-Y. (2006) Conservation and diversification of meristem maintenance mechanism in *Oryza sativa*: function of the *FLORAL ORGAN NUMBER2* gene Plant Cell Physiol., **47**: 1591-1602.

Suzaki, T., Yoshida, A., and Hirano, H.-Y. (2008) Functional diversification of CLAVATA3-related CLE proteins in meristem maintenance in rice. Plant Cell, **20**: 2049-2058.

Suzaki, T., Ohneda, M., Toriba, T., Yoshida, A., and Hirano, H.-Y. (2009) *FON2 SPARE1* redundantly

参考文献

regulates floral meristem maintenance with *FLORAL ORGAN NUMBER2* in rice. PLoS Genet., **5**: e1000693.
Taguchi-Shiobara, F., Yuan, Z., Hake, S., and Jackson, D. (2001) The *fasciated ear2* gene encodes a leucine-rich repeat receptor-like protein that regulates shoot meristem proliferation in maize. Genes Dev., **15**: 2755-2766.
Tanaka, W., Ohmori, Y., Ushijima, T., Matsusaka, H., Matsushita, T., Kumamaru, T., Kawano, S., and Hirano, H.-Y. (2015) Axillary meristem formation in rice requires the *WUSCHEL* ortholog *TILLERS ABSENT1*. Plant Cell, **27**: 1173-1184.

第4章

[総説]
Andrés, F., and Coupland, G. (2012) The genetic basis of flowering responses to seasonal cues. Nat. Rev. Genet., **13**: 627-639.
Aukerman, M.J., and Amasino, R.M. (1998) Floral induction and florigen. Cell, **93**: 491-494.
Kobayashi, Y., and Weigel, D. (2007) Move on up, it's time for change—mobile signals controlling photoperiod-dependent flowering. Genes Dev., **21**: 2371-2384.

[論文]
シロイヌナズナ
Abe, M., Kobayashi, Y., Yamamoto, S., Daimon, Y., Yamaguchi, A., Ikeda, Y., Ichinoki, H., Notaguchi, M., Goto, K., and Araki, T. (2005) FD, a bZIP protein mediating signals from the floral pathway integrator FT at the shoot apex. Science, **309**: 1052-1056.
Corbesier, L., Vincent, C.,（中略，8名）and Coupland, G. (2007) FT protein movement contributes to long-distance signaling in floral induction of *Arabidopsis*. Science, **316**: 1030-1033.
Guo, H., Yang, H., Mockler, C.T., and Lin, C. (1998) Regulation of flowering time by *Arabidopsis* photoreceptors. Science, **279**: 1360-1363.
Imaizumi, T., Tran, H.G., Swartz, T.E., and Kay, S.A. (2003) FKF1 is essential for photoperiodic-specific light signalling in *Arabidopsis*. Nature, **426**: 302-306.
Imaizumi, T., Schultz, T.F., Harmon, F.G., Ho, L.A., and Kay, S.A. (2005) FKF1 F-box protein mediates cyclic degradation of a repressor of *CONSTANS* in *Arabidopsis*. Science, **309**: 293-297.
Jaeger, K.E. and Wigge, P.A. (2007) FT protein acts as a long-range signal in *Arabidopsis*. Curr. Biol., **17**: 1050-1054.
Kardailsky, I., Shukla, V.K., Ahn, J.H., Dagenais, N., Christensen, S.K., Nguyen, J.T., Chory, J., Harrison, M.J., and Weigel, D. (1999) Activation tagging of the floral inducer *FT*. Science, **286**: 1962-1965.
Kobayashi, Y., Kaya, H., Goto, K., Iwabuchi, M., and Araki, T. (1999) A pair of related genes with antagonistic roles in mediating flowering signals. Science, **286**: 1960-1962.
Koornneef, M., Hanhart, C.J., and van der Veen, J.H. (1991) A genetic and physiological analysis of late flowering mutants in *Arabidopsis thaliana*. Mol. Gen. Genet., **229**: 57-66.
Mathieu, J., Warthmann, N., Kuttner, F., and Schmid, M. (2007) Export of FT protein from phloem companion cells is sufficient for floral induction in *Arabidopsis*. Curr. Biol., **17**: 1055-1060.
Michaels, S.D., and Amasino, R.M. (1999) *FLOWERING LOCUS C* encodes a novel MADS domain protein that acts as a repressor of flowering. Plant Cell, **11**: 949-956.
Notaguchi, M., Abe, M., Kimura, T., Daimon, Y., Kobayashi, T., Yamaguchi, A., Tomita, Y., Dohi, K., Mori, M., and Araki, T. (2008) Long-distance, graft-transmissible action of *Arabidopsis* FLOWERING LOCUS T protein to promote flowering. Plant Cell Physiol., **49**: 1645-1658.

Putterill, J., Robson, F., Lee, K., Simon, R., and Coupland, G. (1995) The *CONSTANS* gene of Arabidopsis promotes flowering and encodes a protein showing similarities to zinc finger transcription factors. Cell, **80**: 847-857.

Samach, A., Onouchi, H., Gold, S.E., Ditta, G.S., Schwarz-Sommer, Z., Yanofsky, M.F., and Coupland, G. (2000) Distinct roles of CONSTANS target genes in reproductive development of *Arabidopsis*. Science, **288**: 1613-1616.

Suárez-López, P., Wheatley, K., Robson, F., Onouchi, H., Valverde, F., and Coupland, G. (2001) *CONSTANS* mediates between the circadian clock and the control of flowering in *Arabidopsis*. Nature, **410**: 1116-1120.

Valverde, F., Mouradov, A., Soppe, W., Ravenscroft, D., Samach, A., and Coupland, G. (2004) Photoreceptor regulation of CONSTANS protein in photoperiodic flowering. Science, **303**: 1003-1006.

Wigge, P.A., Kim, M.C., Jaeger, K.E., Busch, W., Schmid, M., Lohmann, J.U., and Weigel, D. (2005) Integration of spatial and temporal information during floral induction in *Arabidopsis*. Science, **309**: 1056-1059.

Yamaguchi, A., Kobayashi, Y., Goto, K., Abe, M., and Araki, T. (2005) *TWIN SISTER OF FT* (*TSF*) acts as a floral pathway integrator redundantly with *FT*. Plant Cell Physiol., **46**: 1175-1189.

Yanovsky, M.J. and Kay, S.A. (2002) Molecular basis of seasonal time measurement in *Arabidopsis*. Nature, **419**: 308-312.

イネなど

Doi, K., Izawa, T., Fuse, T., Yamanouchi, U., Kubo, T., Shimatani, Z., Yano, M., and Yoshimura, A. (2004) *Ehd1*, a B-type response regulator in rice, confers short-day promotion of flowering and controls *FT-like* gene expression independently of Hd1. Genes Dev., **18**: 925-936.

Ishikawa, R., Tamaki, S., Yokoi, S., Inagaki, N., Shinomura, T., Takano, M., and Shimamoto, K. (2005) Suppression of the floral activator *Hd3a* is the principal cause of the night break effect in rice. Plant Cell, **17**: 3325-3336.

Kobayashi, M.J., Takeuchi, Y., Kenta, T., Kume, T., Diway, B., and Shimizu, K.K. (2013) Mass flowering of the tropical tree *Shorea beccariana* was preceded by expression changes in flowering and drought-responsive genes. Mol. Ecol., **18**: 4767-4782.

Kojima, S., Takahashi, Y., Kobayashi, Y., Monna, L., Sasaki, T., Araki, T., and Yano, M. (2001) *Hd3a*, a rice ortholog of the *Arabidopsis FT* gene, promotes transition to flowering downstream of *Hd1* under short-day conditions. Plant Cell Physiol., **43**: 1096-1105.

Tamaki, S., Matsuo, S., Wong, H.L., Yokoi, S., and Shimamoto, K. (2007) Hd3a protein is a mobile flowering signal in rice. Science, **316**: 1033-1036.

Taoka, K., Ohki, I., Tsuji, H., (中略，11 名) and Shimamoto, K. (2011) 14-3-3 proteins act as intracellular receptors for rice Hd3a florigen. Nature, **476**: 332-335.

Xue, W., Xing, Y., (中略，8 名) and Zhang, Q. (2008) Natural variation in *Ghd7* is an important regulator of heading date and yield potential in rice. Nat. Genet., **40**: 761-767.

Yan, L., Loukoianov, A., Blechl, A., Tranquilli, G., Ramakrishna, W., SanMiguel, P., Bennetzen, J.L., Echenique, V., and Dubcovsky, J. (2004) The wheat *VRN2* gene is a flowering repressor down-regulated by vernalization. Science, **303**: 1640-1644.

Yano, M., Katayose, Y., (中 略，8 名) and Sasaki, T. (2000) *Hd1*, a major photoperiod sensitivity quantitative trait locus in rice, is closely related to the *Arabidopsis* flowering time gene *CONSTANS*. Plant Cell, **12**: 2473-2484.

参考文献

第 5 章

[専門書・参考書]
von Goethe, J.W. (2009) "The Metamorphosis of Plants" (Cambridge: MIT Press).

[総説]
Bowman, J.L., Smyth, D.R., and Meyerowitz, E.M. (2012) The ABC model of flower development: then and now. Development, **139**: 4095-4098.
Coen, E.S., and Meyerowitz, E.M. (1991) The war of the whorls: genetic interactions controlling flower development. Nature, **353**: 31-37.
Hirano, H.-Y., Tanaka, W., and Toriba, T. (2014) Grass flower development. In "Flower development", J.L. Riechmann and F. Wellmer, eds (New York: Springer), pp. 57-84.
Jack, T. (2004) Molecular and genetic mechanisms of floral control. Plant Cell, **16**: S1-S17.
Lohmann, J.U., and Weigel, D. (2002) Building beauty: The genetic control of floral patterning. Dev. Cell, **2**: 135-142.
Prunet, N., and Jack, T.P. (2014) Flower development in *Arabidopsis*: there is more to it than learning your ABCs. In "Flower development", J.L. Riechmann and F. Wellmer, eds (New York: Springer), pp. 3-33.
Tanaka, W., Toriba, T., and Hirano, H.-Y. (2014) Flower development in rice. In "Advances in Botanical Research", vol. 72, F. Fornara, ed (Amsterdam: Elsevier), pp. 221-262.
Weigel, D., and Meyerowitz, E.M. (1994) The ABCs of floral homeotic genes. Cell, **78**: 203-209.

[論文]
シロイヌナズナ
Bowman, J.L., Smyth, D.R., and Meyerowitz, E.M. (1991) Genetic interactions among floral homeotic genes of *Arabidopsis*. Development, **112**: 1-20.
Bowman, J.L., and Smyth, D.R. (1999) *CRABS CLAW*, a gene that regulates carpel and nectary development in *Arabidopsis*, encodes a novel protein with zinc finger and helix-loop-helix domains. Development, **126**: 2387-2396.
Drews, G.N., Bowman, J.L., and Meyerowitz, E.M. (1991) Negative regulation of the Arabidopsis homeotic gene *AGAMOUS* by the *APETALA2* product. Cell, **65**: 991-1002.
Goto, K., and Meyerowitz, E.M. (1994) Function and regulation of the *Arabidopsis* floral homeotic gene *PISTILLATA*. Genes Dev., **8**: 1548-1560.
Gustafson-Brown, C., Savidge, B., and Yanofsky, M.F. (1994) Regulation of the arabidopsis floral homeotic gene *APETALA1*. Cell, **76**: 131-143.
Honma, T., and Goto, K. (2001) Complexes of MADS-box proteins are sufficient to convert leaves into floral organs. Nature, **409**: 525-529.
Jack, T., Brockman, L.L., and Meyerowitz, E.M. (1992) The homeotic gene *APETALA3* of *Arabidopsis thaliana* encodes a MADS box and is expressed in petals and stamens. Cell, **68**: 683-697.
Jack, T., Fox, G.L., and Meyerowitz, E.M. (1994) Arabidopsis homeotic gene *APETALA3* ectopic expression: transcriptional and posttranscriptional regulation determine floral organ identity. Cell, **76**: 703-716.
Kempin, S.A., Savidge, B., and Yanofsky, M.F. (1995) Molecular basis of the *cauliflower* phenotype in *Arabidopsis*. Science, **267**: 522-525.
Mandel, M., Gustafson-Browna, C., Savidge, B., and Yanofsky, M. (1992) Molecular characterization of the Arabidopsis floral homeotic gene *APETALA1*. Nature, **360**: 273-277.
Pelaz, S., Ditta, G.S., Baumann, E., Wisman, E., and Yanofsky, M.F. (2000) B and C floral organ identity functions require *SEPALLATA* MADS-box genes. Nature, **405**: 200-203.
Puranik, S., Acajjaoui, S., (中略, 13 名) and Zubieta, C. (2014) Structural basis for the oligomerization of

the MADS domain transcription factor SEPALLATA3 in Arabidopsis. Plant Cell, **26**: 3603-3615.

Smaczniak, C., Immink, R.G., (中略, 12名) and Kaufmann, K. (2012) Characterization of MADS-domain transcription factor complexes in Arabidopsis flower development. Proc. Natl. Acad. Sci USA, **109**: 1560-1565.

Wollmann, H., Mica, E., Todesco, M., Long, J.A., and Weigel, D. (2010) On reconciling the interactions between *APETALA2*, miR172 and *AGAMOUS* with the ABC model of flower development. Development, **137**: 3633-3642.

Yanofsky, M.F., Ma, H., Bowman, J.L., Drews, G.N., Feldmann, K.A., and Meyerowitz, E.M. (1990) The protein encoded by the *Arabidopsis* homeotic gene *agamous* resembles transcription factors. Nature, **346**: 35-39.

イネ・トウモロコシ

Ambrose, B.A., Lerner, D.R., Ciceri, P., Padilla, C.M., Yanofsky, M.F., and Schmidt, R.J. (2000) Molecular and genetic analyses of the silky1 gene reveal conservation in floral organ specification between eudicots and monocots. Mol. Cell, **5**: 569-579.

Dreni, L., Pilatone, A., Yun, D., Erreni, S., Pajoro, A., Caporali, E., Zhang, D., and Kater, M.M. (2011) Functional analysis of all AGAMOUS subfamily members in rice reveals their roles in reproductive organ identity determination and meristem determinacy. Plant Cell, **23**: 2850-2863.

Mena, M., Ambrose, B.A., Meeley, R.B., Briggs, S.P., Yanofsky, M.F., and Schmidt, R.J. (1996) Diversification of C-function activity in maize flower development. Science, **274**: 1537-1540.

Nagasawa, N., Miyoshi, M., Sano, Y., Satoh, H., Hirano, H.-Y., Sakai, H., and Nagato, Y. (2003) *SUPERWOMAN 1* and *DROOPING LEAF* genes control floral organ identity in rice. Development, **130**: 705-718.

Whipple, C.J., Ciceri, P., Padilla, C.M., Ambrose, B.A., Bandong, S.L., and Schmidt, R.J. (2004) Conservation of B-class floral homeotic gene function between maize and *Arabidopsis*. Development, **131**: 6083-6091.

Yamaguchi, T., Lee, Y.D., Miyao, A., Hirochika, H., An, G., and Hirano, H.-Y. (2006) Functional diversification of the two C-class genes, *OSMADS3* and *OSMADS58*, in *Oryza sativa*. Plant Cell, **18**: 15-28.

Yamaguchi, T., Nagasawa, N., Kawasaki, S., Matsuoka, M., Nagato, Y., and Hirano, H.-Y. (2004) The *YABBY* gene *DROOPING LEAF* regulates carpel specification and midrib development in *Oryza sativa*. Plant Cell, **16**: 500-509.

Yoshida, A., Suzuki, T., Tanaka, W., and Hirano, H.-Y. (2009) The homeotic gene *LONG STERILE LEMMA* (*G1*) specifies sterile lemma identity in the rice spikelet. Proc. Natl. Acad. Sci. USA, **106**: 20103-20108.

Yamaki, S., Nagato, Y., Kurata, N., and Nonomura, K.-I. (2011) Ovule is a lateral organ finally differentiated from the terminating floral meristem in rice. Dev. Biol., **351**: 208-216.

第6章

[専門書・参考書]
Leyser, O., and Day, S. (2003) "Mechanisms in Plant Development" (Oxford: Blackwell Science Ltd.).

[総説]
Pose, D., Yant, L., and Schmid, M. (2012) The end of innocence: flowering networks explode in complexity. Curr. Opin. Plant Biol., **15**: 45-50.

Liu, C., Thong, Z., and Yu, H. (2009) Coming into bloom: the specification of floral meristems. Development,

参考文献

136: 3379-3391.

[論文]
メリステム アイデンティティー

Bradley, D., Ratcliffe, O., Vincent, C., Carpenter, R., and Coen, E. (1997) Inflorescence commitment and architecture in *Arabidopsis*. Science, **275**: 80-83.

Ferrándiz, C., Gu, Q., Martienssen, R., and Yanofsky, M.F. (2000) Redundant regulation of meristem identity and plant architecture by *FRUITFULL*, *APETALA1* and *CAULIFLOWER*. Development, **127**: 725-734.

Kempin, S.A., Savidge, B., and Yanofsky, M.F. (1995) Molecular basis of the *cauliflower* phenotype in *Arabidopsis*. Science, **267**: 522-525.

Lee, J., Oh, M., Park, H., and Lee, I. (2008) SOC1 translocated to the nucleus by interaction with AGL24 directly regulates *LEAFY*. Plant J., **55**: 832-843.

Liljegren, S.J., Gustafson-Brown, C., Pinyopich, A., Ditta, G.S., and Yanofsky, M.F. (1999) Interactions among *APETALA1*, *LEAFY*, and *TERMINAL FLOWER1* specify meristem fate. Plant Cell, **11**: 1007-1018.

Mandel, M., Gustafson-Browna, C., Savidge, B., and Yanofsky, M. (1992) Molecular characterization of the Arabidopsis floral homeotic gene *APETALA1*. Nature, **360**: 273-277.

Reinhardt, D., Pesce, E.-R., Stieger, P., Mandel, T., Baltensperger, K., Bennett, M., Traas, J., Friml, J., and Kuhlemeier, C. (2003) Regulation of phyllotaxis by polar auxin transport. Nature, **426**: 255-260.

Weigel, D., Alvarez, J., Smyth, D.R., Yanofsky, M.F., and Meyerowitz, E.M. (1992) LEAFY controls floral meristem identity in Arabidopsis. Cell, **69**: 843-859.

Yamaguchi, N., Wu, M.F., Winter, C.M., Berns, M.C., Nole-Wilson, S., Yamaguchi, A., Coupland, G., Krizek, B.A., and Wagner, D. (2013) A molecular framework for auxin-mediated initiation of flower primordia. Dev. Cell, **24**: 271-282.

Yamaguchi, A., Wu, M.F., Yang, L., Wu, G., Poethig, R.S., and Wagner, D. (2009) The microRNA-regulated SBP-Box transcription factor SPL3 is a direct upstream activator of *LEAFY*, *FRUITFULL*, and *APETALA1*. Dev. Cell, **17**: 268-278.

ABC 遺伝子の発現誘導

Chae, E., Tan, Q.K.-G., Hill, T.A., and Irish, V.F. (2008) An *Arabidopsis* F-box protein acts as a transcriptional co-factor to regulate floral development. Development, **135**: 1235-1245.

Das, P., Ito, T., Wellmer, F., Vernoux, T., Dedieu, A., Traas, J., and Meyerowitz, E.M. (2009) Floral stem cell termination involves the direct regulation of *AGAMOUS* by PERIANTHIA. Development, **136**: 1605-1611.

Kaufmann, K., Muino, J.M., Jauregui, R., Airoldi, C.A., Smaczniak, C., Krajewski, P., and Angenent, G.C. (2009) Target genes of the MADS transcription factor SEPALLATA3: integration of developmental and hormonal pathways in the *Arabidopsis* flower. PLoS Biol., **7**: e1000090.

Kaufmann, K., Wellmer, F., （中略，9名）and Riechmann, J.L. (2010). Orchestration of floral initiation by APETALA1. Science, **328**: 85-89.

Maier, A., Stehling-Sun, S., Wollmann, H., Demar, M., Hong, R., Haubeiß, S., Weigel, D., and Lohmann, J. (2009) Dual roles of the bZIP transcription factor PERIANTHIA in the control of floral architecture and homeotic gene expression. Development, **136**: 1613-1620.

Parcy, F., Nilsson, O., Busch, M.A., Lee, I., and Weigel, D. (1998) A genetic framework for floral patterning. Nature, **395**: 561-566.

Sridhar, V.V., Surendrarao, A., and Liu, Z. (2006) *APETALA1* and *SEPALLATA3* interact with *SEUSS* to mediate transcription repression during flower development. Development, **133**: 3159-3166.

Wagner, D., Sablowski, R.W., and Meyerowitz, E.M. (1999) Transcriptional activation of APETALA1 by LEAFY. Science, **285**: 582-584.

Winter, C.M., Austin, R.S.,（中略，11 名）and Wagner, D. (2011) LEAFY target genes reveal floral regulatory logic, *cis* motifs, and a link to biotic stimulus response. Dev. Cell, **20**: 430-443.

花メリステムの有限性

Lohmann, J.U., Hong, R.L., Hobe, M., Busch, M.A., Parcy, F., Simon, R., and Weigel, D. (2001) A molecular link between stem cell regulation and floral patterning in Arabidopsis. Cell, **105**: 793-803.

Lenhard, M., Bohnert, A., Jürgens, G., and Laux, T. (2001) Termination of stem cell maintenance in *Arabidopsis* floral meristems by interactions between *WUSCHEL* and *AGAMOUS*. Cell, **105**: 805-814.

Sun, B., Looi, L.S., Guo, S., He, Z., Gan, E.S., Huang, J., Xu, Y., Wee, W.Y., and Ito, T. (2014) Timing mechanism dependent on cell division is invoked by Polycomb eviction in plant stem cells. Science, **343**: 1248559-1 ～ 1248559-8.

Sun, B., Xu, Y., Ng, K.-H., and Ito, T. (2009) A timing mechanism for stem cell maintenance and differentiation in the *Arabidopsis* floral meristem. Genes Dev., **23**: 1791-1804.

Vollbrecht, E., Springer, P.S., Goh, L., Buckler, E.S.t., and Martienssen, R. (2005) Architecture of floral branch systems in maize and related grasses. Nature, **436**: 1119-1126.

Yoshida, A., Sasao, M.,（中略，13 名）and Kyozuka, J. (2013) *TAWAWA1*, a regulator of rice inflorescence architecture, functions through the suppression of meristem phase transition. Proc. Natl. Acad. Sci. USA, **110**: 767-772.

第 7 章

[総説]

Walbot, V., and Egger, R.L. (2016) Pre-meiotic anther development: cell fate specification and differentiation. Annu. Rev. Plant Biol., **67**: 365-395.

Bowman, J.L., Eshed, Y., and Baum, S.F. (2002) Establishment of polarity in angiosperm lateral organs. Trends Genet., **18**: 134-141.

Chevalier, E., Loubert-Hudon, A., Zimmerman, E.L., and Matton, D.P. (2011) Cell-cell communication and signalling pathways within the ovule: from its inception to fertilization. New Phytol., **192**: 13-28.

Kidner, C.A., and Timmermans, M.C.P. (2010) Signaling sides: adaxial-abaxial patterning in leaves. Curr. Top. Dev. Biol., **91**: 141-168.

Reyes-Olalde, J.I., Zuñiga-Mayo, V.M., Montes, R.A.C., Marsch-Martínez, N., and de Folter, S. (2013) Inside the gynoecium: at the carpel margin. Trends Plant Sci., **18**: 644-655.

Roeder, A.H., and Yanofsky, M.F. (2006) Fruit developmentt in *Arabidopsis*. In "The Arabidopsis Book", C.R. Somerville and E.M. Meyerowitz eds (Rockville: Am. Soc. Plant Biol.)

Skinner, D.J., Hill, T.A., and Gasser, C.S. (2004) Regulation of ovule development. Plant Cell, **16** (Suppl): S32-45.

Tanaka, W., Toriba, T., and Hirano, H.-Y. (2014) Flower development in rice. In "Advances in Botanical Research", vol. 72, F. Fornara, ed (Amsterdam: Elsevier), pp. 221-262.

[論文]
雄蕊の発生・分化

Ito, T., Wellmer, F., Yu, H., Das, P., Ito, N., Alves-Ferreira, M., Riechmann, J.L., and Meyerowitz, E.M. (2004) The homeotic protein AGAMOUS controls microsporogenesis by regulation of *SPOROCYTELESS*. Nature, **430**: 356-360.

Nagasaki, H., Itoh, J.,（中略，9 名）and Sato, Y. (2007) The small interfering RNA production pathway is required for shoot meristem initiation in rice. Proc. Natl. Acad. Sci. USA, **104**: 14867-14871.

参考文献

Toriba, T., Suzaki, T., Yamaguchi, T., Ohmori, Y., Tsukaya, H., and Hirano, H.-Y. (2010) Distinct regulation of adaxial-abaxial polarity in anther patterning in rice. Plant Cell, **22**: 1452-1462.

Waites, R., Selvadurai, H.R.N., Oliver, I.R., and Hudson, A. (1998) The *PHANTASTICA* gene encodes a MYB transcription factor involved in growth and dorsoventrality of lateral organs in *Antirrhinum*. Cell, **93**: 779-789.

Yang, W.C., Ye, D., Xu, J., and Sundaresan, V. (1999) The *SPOROCYTELESS* gene of *Arabidopsis* is required for initiation of sporogenesis and encodes a novel nuclear protein. Genes Dev., **13**: 2108-2117.

雌蕊の発生・分化

Alvarez, J.P., Goldshmidt, A., Efroni, I., Bowman, J.L., and Eshed, Y. (2009) The *NGATHA* distal organ development genes are essential for style specification in *Arabidopsis*. Plant Cell, **21**: 1373-1393.

Eshed, Y., Baum, S.F., and Bowman, J.L. (1999) Distinct mechanisms promote polarity establishment in carpels of *Arabidopsis*. Cell, **99**: 199-209.

Eshed, Y., Baum, S.F., Perea, J.V., and Bowman, J.L. (2001) Establishment of polarity in lateral organs of plants. Curr. Biol., **11**: 1251-1260.

Girin, T., Paicu, T., (中略、9名) and Østergaard, L. (2011) INDEHISCENT and SPATULA interact to specify carpel and valve margin tissue and thus promote seed dispersal in *Arabidopsis*. Plant Cell, **23**: 3641-3653.

Gremski, K., Ditta, G., and Yanofsky, M.F. (2007) The *HECATE* genes regulate female reproductive tract development in *Arabidopsis thaliana*. Development, **134**: 3593-3601.

Kuusk, S., Sohlberg, J.J., Long, J.A., Fridborg, I., and Sundberg, E. (2002) *STY1* and *STY2* promote the formation of apical tissues during *Arabidopsis* gynoecium development. Development, **129**: 4707-4717.

Liljegren, S.J., Ditta, G.S., Eshed, Y., Savidge, B., Bowman, J.L., and Yanofsky, M.F. (2000) *SHATTERPROOF* MADS-box genes control seed dispersal in *Arabidopsis*. Nature, **404**: 766-770.

Liljegren, S.J., Roeder, A.H.K., Kempin, S.A., Gremski, K., Østergaard, L., Guimil, S., Reyes, D.K., and Yanofsky, M.F. (2004) Control of fruit patterning in *Arabidopsis* by INDEHISCENT. Cell, **116**: 843-853.

Rajani, S., and Sundaresan, V. (2001) The *Arabidopsis* myc/bHLH gene *ALCATRAZ* enables cell separation in fruit dehiscence. Curr. Biol., **11**: 1914-1922.

Sessions, R.A., and Zambryski, P.C. (1995) *Arabidopsis* gynoecium structure in the wild and in *ettin* mutants. Development, **121**: 1519-1532.

Sessions, A., Nemhauser, J.L., McColl, A., Roe, J.L., Feldmann, K.A., and Zambryski, P.C. (1997) *ETTIN* patterns the *Arabidopsis* floral meristem and reproductive organs. Development, **124**: 4481-4491.

胚珠形成

Balasubramanian, S., and Schneitz, K. (2000) *NOZZLE* regulates proximal-distal pattern formation, cell proliferation and early sporogenesis during ovule development in *Arabidopsis thaliana*. Development, **127**: 4227-4238.

Balasubramanian, S., and Schneitz, K. (2002) *NOZZLE* links proximal-distal and adaxial-abaxial pattern formation during ovule development in *Arabidopsis thaliana*. Development, **129**: 4291-4300.

Pinyopich, A., Ditta, G.S., Savidge, B., Liljegren, S.J., Baumann, E., Wisman, E., and Yanofsky, M.F. (2003) Assessing the redundancy of MADS-box genes during carpel and ovule development. Nature, **424**: 85-88.

Reiser, L., Modrusan, Z., Margossian, L., Samach, A., Ohad, N., Haughn, G.W., and Fischer, R.L. (1995) The *BELL1* gene encodes a homeodomain protein involved in pattern formation in the Arabidopsis ovule primordium. Cell, **83**: 735-742.

Schiefthaler, U., Balasubramanian, S., Sieber, P., Chevalier, D., Wisman, E., and Schneitz, K. (1999) Molecular analysis of *NOZZLE*, a gene involved in pattern formation and early sporogenesis during sex organ development in *Arabidopsis thaliana*. Proc. Natl. Acad. Sci. USA, **96**: 11664-11669.

Villanueva, J.M., Broadhvest, J., Hauser, B.A., Meister, R.J., Schneitz, K., and Gasser, C.S. (1999) *INNER NO OUTER* regulates abaxial- adaxial patterning in *Arabidopsis* ovules. Genes Dev., **13**: 3160-3169.

第8章

[総説]

Chuck, G. (2010) Molecular mechanisms of sex determination in monoecious and dioecious plants. Adv. Bot. Res., **54**: 53-83.

Cubas, P. (2004) Floral zygomorphy, the recurring evolution of a successful trait. Bioessays, **26**: 1175-1184.

Endress, P.K. (2006). Angiosperm floral evolution: morphological developmental framework. In "Advances in Botanical Research", vol. 44, D.E. Soltis, J.H. Leebens-Mack, and P.S. Soltis, eds (Amsterdam: Elsevier), pp. 1-61.

Dellaporta, S.L., and Calderon-Urrea, A. (1994) The sex determination process in maize. Science, **266**: 1501-1505.

McSteen, P., Laudencia-Chingcuanco, D., and Colasanti, J. (2000) A floret by any other name: control of meristem identity in maize. Trends Plant Sci., **5**: 61-66.

Ming, R., Bendahmane, A., and Renner, S.S. (2011) Sex chromosomes in land plants. Annu. Rev. Plant Biol., **62**: 485-514.

Preston, J., and Hileman, L. (2009) Developmental genetics of floral symmetry evolution. Trends Plant Sci., **14**: 147-154.

[論文]
花の相称性

Almeida, J., Rocheta, M., and Galego, L. (1997) Genetic control of flower shape in *Antirrhinum majus*. Development, **124**: 1387-1392.

Busch, A., and Zachgo, S. (2007) Control of corolla monosymmetry in the Brassicaceae *Iberis amara*. Proc. Natl. Acad. Sci. USA, **104**: 16714-16719.

Corley, S.B., Carpenter, R., Copsey, L., and Coen, E. (2005) Floral asymmetry involves an interplay between TCP and MYB transcription factors in *Antirrhinum*. Proc. Natl. Acad. Sci. USA, **102**: 5068-5073.

Cubas, P., Vincent, C., and Coen, E. (1999) An epigenetic mutation responsible for natural variation in floral symmetry. Nature, **401**: 157-161.

Feng, X., Zhao, Z.,（中略，18 名） and Luo, D. (2006) Control of petal shape and floral zygomorphy in *Lotus japonicus*. Proc. Natl. Acad. Sci. USA, **103**: 4970-4975.

Galego, L., and Almeida, J. (2002) Role of *DIVARICATA* in the control of dorsoventral asymmetry in *Antirrhinum* flowers. Genes Dev., **16**: 880-891.

Luo, D., Carpenter, R., Vincent, C., Copsey, L., and Coen, E. (1996) Origin of floral asymmetry in *Antirrhinum*. Nature, **383**: 794-799.

Luo, D., Carpenter, R., Copsey, L., Vincent, C., Clark, J., and Coen, E. (1999) Control of organ asymmetry in flowers of *Antirrhinum*. Cell, **99**: 367-376.

Wang, Z., Luo, Y.,（中略，11 名） and Luo, D. (2008) Genetic control of floral zygomorphy in pea (*Pisum sativum* L.). Proc. Natl. Acad. Sci. USA, **105**: 10414-10419.

花の性決定

Acosta, I.F., Laparra, H., Romero, S.P., Schmelz, E., Hamberg, M., Mottinger, J.P., Moreno, M.A., and Dellaporta, S.L. (2009) *tasselseed1* is a lipoxygenase affecting jasmonic acid signaling in sex determination of maize. Science, **323**: 262-265.

参考文献

Bensen, R.J., Johal, G.S., Crane, V.C., Tossberg, J.T., Schnable, P.S., Meeley, R.B., and Briggs, S.P. (1995) Cloning and characterization of the maize *An1* gene. Plant Cell, **7**: 75-84.

Boualem, A., Fergany, M., （中略，11 名） and Bendahmane, A. (2008) A conserved mutation in an ethylene biosynthesis enzyme leads to andromonoecy in melons. Science, **321**: 836-838.

Boualem, A., Troadec, C., （中略，8 名） and Bendahmane, A. (2015) A cucurbit androecy gene reveals how unisexual flowers develop and dioecy emerges. Science, **350**: 688-691.

Calderon-Urrea, A., and Dellaporta, S.L. (1999) Cell death and cell protection genes determine the fate of pistils in maize. Development, **126**: 435-441.

Chuck, G., Meeley, R.B., and Hake, S. (1998) The control of maize spikelet meristem fate by the *APETALA2*-like gene *indeterminate spikelet1*. Genes Dev., **12**: 1145-1154.

Chuck, G., Meeley, R., Irish, E., Sakai, H., and Hake, S. (2007) The maize *tasselseed4* microRNA controls sex determination and meristem cell fate by targeting *Tasselseed6/indeterminate spikelet1*. Nat. Genet., **39**: 1517-1521.

Martin, A., Troadec, C., Boualem, A., Rajab, M., Fernandez, R., Morin, H., Pitrat, M., Dogimont, C., and Bendahmane, A. (2009) A transposon-induced epigenetic change leads to sex determination in melon. Nature, **461**: 1135-1138.

索引

数字

1-aminocyclopropane-1-carboxylic acid 182
14-3-3タンパク質 78
*35S*プロモーター 92, 110, 153, 156

A

abaxial 138
ABCEモデル 107, 109
ABC遺伝子 13, 18
ABCモデル(model) 13, 18, 82-85, 87, 91, 92, 96, 106, 109, 162
ABPH1, abph1 56, 57
abphyl1 56
ACC 182
ACC synthase 182
ACC合成酵素 182, 184
ACS 182
ACS11 184
actinomorphy 163
activation domain 108
adaxial 138
adaxial-abaxial axis 138
adaxial-abaxial polarity 138
additive effect 16
AG, AG, *ag* 83-86, 88-93, 96, 100, 101, 104, 107, 109, 111-113, 126-134, 146, 147, 154-156, 159, 160
agamous 83
AGAMOUS 84, 126
AGL2 104
AGL9 104
AGL24 120, 124
Agrobacterium tumefaciens 21
AHK4 43
AIL6 115, 116
aintegumenta 160
AINTEGUMENTA 34, 116
AINTEGUMENTA-LIKE6 116
ALC 154-156, 158

ALCATRAZ 154
Allard 60
allele 26
alternate phyllotaxy 56
AN1, an1 174, 175
androecious 184
andromonoecious 175, 181
ANT, ant 34, 115, 116, 160, 161
antagonistic interaction 84
anther 137
ANTHER EAR1 174
anther wall 144
anthesis 95
anticlinal division 7
antipodal 158
Antirrhinum majus 12
AP1, AP1, *ap1* 76, 78, 79, 84, 86, 88-93, 97, 108-112, 117, 118, 120-124, 128, 131, 146, 156
AP2, ap2 84, 86, 88, 90-92, 127, 128, 150, 159
AP2/ERFドメイン 90, 160
AP2ドメイン 116
AP3, AP3, *ap3* 83, 84, 86, 88, 90-93, 98, 100, 104, 107-111, 113, 125, 126, 129
AP3-PIヘテロダイマー 100, 107, 112, 126
APETALA1 76, 84, 117
APETALA2 84, 128
apetala3 83,
APETALA3 84, 125
apical-basal axis 150
ARABIDOPSIS HISTIDINE KINASE4 43
ARABIDOPSIS RESPONSE REGULATOR 42
Arabidopsis thaliana 12
archesporial cell 144
ARF 152
ARF3 152
arf4 139
ARF5 116, 152
*ARF*遺伝子 116
ARR 42
ARR7 42

201

索 引

ARR15 42
atomic force microscopy 113
autonomous pathway 69
autoregulation 126
autosome 172
auxin 115
auxin response factor 152
AUXIN RESPONSE FACTOR5 116
axil 114
axillary bud 51
axillary meristem 51
*A*遺伝子 182, 183

B

backpetal 166, 167
basal transcription factor 108
BEL1, bel1 160, 161
BELL1 160
BiFC 111
bilateral symmetry 163
bimolecular fluorescence complementation 111
bisexual flower 96, 172
body plan 3
bract 114
branch meristem 135
Brassica oleracea var. *botrytis* 119
Bünning 74

C

CAL, cal 105, 117-121, 131
CArGボックス（box） 111-113
carpel 82
carpel margin meristem 150
CAULIFLOWER 117
cauline leaf 117
CDF1 73, 74
cell fate 6
cell lineage 6, 23
central cell 158
central zone 25
centrolateral axis 150
Chailakhyan 67
chalaza 158
chimeric organ 104
clark kent 104

CLAVATA 28
CLAVATA1 26
CLAVATA3 26
CLE遺伝子 36, 47
CLEドメイン 36, 37, 45, 48
CLEペプチド 36-38, 56
clk 104
CLV, CLV 30, 35, 134
CLV1, CLV1, *clv1* 26-34, 36-38, 40, 45, 53
CLV2, CLV2, *clv2* 28, 31, 32, 38, 47, 53, 56
CLV2-CRN複合体 38
CLV3, CLV3, *clv3* 26, 28, 29, 31-34, 36, 37, 39-42, 44, 45, 49
CLV3-CLE 44
CLV3-CP 36-38
CLV3-CP-Ara3 36-38, 40, 41
CLVシグナル伝達系 37, 44, 45, 47, 53
CmACS7 182, 183, 185
CmACS11 184
CmWIP1 183, 184
CO, CO, co 65, 66, 68-74, 78-80
co-factor 128
CO-FTモジュール 74, 78, 80
compact plant2 55
compartmentation 1
connective 137
consensus sequence 112
CONSTANS 66, 68
corolla tube 163
corpus 24
CORYNE 38
cotyledon 4
CRABS CLAW 102, 151
CRC, crc 102, 103, 151, 152
CRISPR-CAS9 22
CRN, CRN 38, 39, 47
cross-pollination 95
crown root 54
cryptic bract 115
cryptochrome 62
CT2, CT2, *ct2* 47, 55
Cucumis melo 181
Cucumis sativus 181
CYC, cyc 165-171
CYCLING DOF FACTOR 1 73

索引

cycloheximide 123
cycloidea 165
cytokinin 42
CZ 25

D

D1, d1 47, 174, 175, 179
d2 175
D3, d3 174
d5 174
D8, d8 174, 176, 179
d9 174, 176
decussate phyllotaxy 56
DEF, def 83, 84, 89, 100
deficiens 83
DEFICIENS 84
dehiscence zone 154
DELLA 176, 177
determinacy 84
determinate 129
development 1
developmental genetics 17
DEX 124
dexamethasone 124
DEX誘導系 123, 124, 146
DICH, dich 165-168, 170
dichotoma 166
differentiation 4
dimer 89
dioecious plant 172
distal-proximal axis 150
DIV, div 165, 167-169
DIVARICATA 167
DL, DL, *dl* 96-99, 101-104, 152
DNA binding domain 108
DNA結合ドメイン 108
DNAループ 112
domestication 119
dominant 26
dominant negative mutation 176
dorsal 163
dorsoventral axis 164
double fertilization 147
DROOPING LEAF 96, 100, 103
DWARF3 174

E

ear 53, 135, 174
EARLY HEADING DATE1 80
ectopic expression 19, 92
efflux carrier 115
egg cell 158
EHD1 80
electrophoretic mobility shift assay 113
embryonic stem cell 6
embryo sac 147, 158
embryo-sac cell 158
embryo-sac mother cell 158
EMSA 113
endothecium 146
enhancer 19
epigenetic 64, 132
epistatic 16
ES細胞 6
ethylene 172, 181
ETT, ett 139, 140, 143, 152, 154
ETTIN 140
evo-devo 14
external coincidence model 75

F

fasciated ear2 53
fca 69, 70
FCP1 48, 49
FCP2 48
FD, FD, *fd* 68-70, 75-78, 120, 122
FEA2, FEA2, *fea2* 39, 47, 53, 54, 56, 119
FEA3 56
female floret 174
female flower 53, 172
female gametophyte 147
female spikelet 174
filament 137
FKF1 62, 72, 73
FLAVIN-BINDING, KELCH REPEAT, F BOX1 62
FLC, FLC 64, 65, 69
FLO 84
floral evocation 66
floral induction 66

203

索 引

floral meristem 59
floral meristem identity 117
FLORAL ORGAN NUMBER 45
floral quartet model 108
floral transition 59
floret 93, 174
floret meristem 135, 174
FLORICAULA 84
florigen 60
FLOWERING LOCUS C 64
FLOWERING LOCUS T 65
flower meristem 4
FMI 117, 120-122
FON1, fon1 27, 45-47, 49
FON2, fon2 45-47, 50
FON2-LIKE CLE PROTEIN1 48
FON2 SPARE1 47
FON伝達系 47
FOS1 47, 49
foun2 46
fpa 69, 70
fruit 147
FRUITFULL 76, 117, 156
FT, FT, ft 65, 66, 68-72, 74-80, 120, 122
FUL, ful 76, 79, 105, 117, 118, 120-122, 156, 158
funiculus 149, 158
fve 69, 70
fy 69, 70
Fボックスタンパク質 126

G

G1, g1 95, 96
gamete 147
Garner 60
gene body 132
gene family 20
genetic variation 119
GFP 18
GHD7 80
GI 72, 73
gibberellin 64, 172
GIGANTEA 72
GLO, glo 83, 84, 89, 100
globosa 83
GLOBOSA 84

glucocorticoid 124
glume 93, 174
GLUME1 96
GRAIN NUMBER, PLANT HEIGHT AND HEADING DATE7 80
green fluorescent protein 18
GTP結合タンパク質 55
GYM, gym 151, 152
GYMNOS 151
gynoecious 181
gynoecium 82, 147
gynophore 149
*G*遺伝子 183
Gタンパク質 38, 39, 55, 56

H

H3K27me3 133, 134
HBD 124
HD1, HD1 78-80
HD3a 77-80
HD-ZIPIII 139, 140
HEADING DATE1 78
HEADING DATE3a 77
HEC 153, 154
HECATE 153
hermaphrodite 172, 181
heterodimer 89
homodimer 89
hormone binding domain 124
hybridization 89
hypocotyl 4

I

IaCYC 170
Iberis amara 170
identity 83
IDS1 136, 179-181
IND 154-156, 158
INDEHISCENT 154
indeterminate 129
INDETERMINATE SPIKELET1 136, 179
induced pluripotent stem cell 6
inflorescence meristem 4, 58, 135
initial cell 7
inner integument 158

204

索 引

INNER NO OUTER 160
INO 160, 161
in situ ハイブリダイゼーション 14, 18, 32, 34, 89, 98, 102
internal coincidence model 75
iPS細胞 6

J, K

jasmonate 178
J.W. von Goethe 87
KAN 139, 140, 151
KAN1, kan1 139, 152
kan2 139, 152
kan3 139
KAN4 139
KANADI 140, 151
keel 170
KEW1 170
kinase 30
KN1, Kn1 26, 27
knockout 19
Knotted1 27
KNOTTED1 26
KNU, KNU 130-134
KNUCKLES 130
Kドメイン 88, 89

L

L1層 24, 25, 43, 144, 145
L2層 24, 25, 144, 145
L3層 24, 25
LATE HEADING DATE4 80
lateral organ 25
LC-MS 111
leaf axil 51
leaf primordium 7
LEAFY 66, 116
leafy hull sterile1 27
lemma 94
leucine-rich repeat 30
LEUNIG 127
LFY, LFY, *lfy* 65, 66, 115, 116, 120-123, 125-127, 129, 130, 134
LHD4 80
lhs1 27

lignified layer 154
lignin 154
Linaria vulgaris 169
Linnaeus 169
LIP1 84
LIP2 84
LIPLESS1 84
lipoxygenase 178
liquid chromatography-mass spectrometry 111
LjCYC2 170
locus 15
lodicule 94
LOG, log 43, 57, 105
LOG4 43, 44
lonely guy 57
LONELY GUY 43
long-day plant 60
Lotus japonicus 170
LRR型受容体キナーゼ 30, 31, 45, 53
LUG, LUG 127, 128

M

MADS遺伝子 20, 21, 88, 96-99, 105, 106, 108, 156, 159, 160
MADSタンパク質 88, 89, 107, 108, 111-113, 154, 159
MADS転写因子 89, 99, 112, 118
MADSドメイン 27, 64, 65, 88, 89, 111
male floret 174
male flower 53, 172
male gamete 147
male gametophyte 147
male nucleus 147
male spikelet 174
map-basedクローニング 18
mass flowering 64
MCM1 89
megagametophyte 147
megaspore 158
megaspore mother cell 158
mericlone 9
meristem 4
meristematic 150
micro-environment 41
microgametophyte 147
micropyle 158

205

索 引

midrib 102
MIKCタイプ 89
miR165/166 139
miRNA 140
miRNA165/166 140
miRNA172 179
miRNA172e 180
model plant 12
molecular developmental genetics 17
monoecious plant 172
MONOPTEROS 116, 152
MOTHER OF FT AND TFL1 77
MP 115, 116, 152
Mu 17

N

nectary 102
neutral flower 172
NGA 153
NGATHA 153
niche 40
night break 60
node 181
non-cell autonomous 32
NOZZLE 145
nucellus 158
NZZ, nzz 145, 161

O

organizer 32
organizing center 32
ortholog 20
Oryza rufipogon 47
Oryza sativa 27, 47
ORYZA SATIVA HOMEO-BOX1 26
OsETT1 140-143
OsFD1 78, 79
OSH1 26, 49
OsMADS1 27
OsMADS2, OsMADS2 96, 98-100
OsMADS3, OsMADS3 27, 97, 99-101
OsMADS4, OsMADS4 96, 98-100
OsMADS13, OsMADS13 97, 105
OsMADS15 79
OsMADS58, OsMADS58 97, 99-102

OsPHB3 140, 142, 143
OsWOX4 50, 52, 57
outer integument 158
ovary 149
ovule 94, 147

P

palea 94
PAN 127
papilla 150
paralog 20
pathway integrator 59
PcG 132, 134
PcG複合体 132, 133
PEBP 77, 122
peloric 169
PERIANTHIA 127
periclinal division 7
peripheral zone 25
petal 82
petal lobe 163
PHABULOSA 140
PHAN, phan 139, 140, 142
PHANTASTICA 139
PHB 139, 140, 143
phloem companion cell 76
phosphatidylethanolamine binding protein 77, 122
phosphorelay 39
photoperiodic flowering 58
photoperiodism 60
PHV 139
phytochrome 62
PI, PI, *pi* 83, 84, 86, 88, 90-93, 96, 98, 100, 104, 107-111, 113, 125, 126
PICKLE 151
PID, *pid* 115
PIN1, *pin1* 115, 152
PIN-FORMED1 115, 152
PINOID 115, 153
pistil 147
pistillata 83
PISTILLATA 84, 125
Pisum sativum 170
placenta 105, 150
plant architecture 119

206

索 引

plasmodesmata 40
PLE, ple 83, 84, 100
plena 83
PLENA 84
PLETHORA3 116
PLL 38
PLL1, PLL1 39, 43
PLT3 116
pluripotent 6
POL, POL 38, 39, 43
polar nucleus 147
polar transport 115
pollen 137
pollen mother cell 144
pollen sac 137
pollen tube 147
POLTERGEIST 39
polycomb group 132
polygalacturonase 155
positional information 7
positive feedback 121
post-embryonic development 3
pre-meristem zone 51
PRE配列 132, 133
primordium 26
procambium cell 7
programmed cell death 154
protein phosphatase 2C 39
PZ 24, 25

Q
QTL 78
quantitative trait loci 78
quiescent center 7

R
ra 135
RA1, ra1 135, 136
RAD, rad 165-169
RADIALIS 166
radial symmetry 139, 163
RAM 4
ramosa 135
RDR 144
RDR6 144

receptacle 137
RECEPTOR-LIKE PROTEIN KINASE2 39
replum 149
REPLUMLESS 158
reproductive growth 4
REV 139
reverse genetics 19
rib zone 25
RNA-dependent RNA polymerase 144
RNAポリメラーゼ(polymerase) 108
root apical meristem 4
RPK2, RPK2 38, 39, 47
RPL, rpl 156-158
rudimentary glume 95
RZ 25

S
S-adenosyl methionine 182
SAM 4
secondary flower 83
seedling 4
SEEDSTICK 159
self-fertilization 12
self-pollination 95
SEP, sep 20, 104, 106, 107, 109
SEP1, SEP1, *sep1* 20, 109, 110
SEP2, SEP2, *sep2* 109, 110
SEP3, SEP3, *sep3* 21, 104, 107-113, 123-125, 127, 128
SEP4 109, 110
sepal 82
SEPALLATA 20, 106
SEPALLATA3 124
separation layer 154
septum 149
SEU, SEU 127, 128
SEUSS 127
sex chromosome 172
shade avoidance syndrome 62
SHATTERPROOF 154
SHL2 144
shl2-rol 141, 142
shoot apical meristem 4
SHOOTLESS2 144
shootless2-rol 141

207

索引

SHOOT MERISTEMLESS 26, 27
short-day plant 60
SHP 154-160
SI, si 98, 100
Silene latifolia 172
SILKLESS1 176
silky 98
SI-ZMM16 100
SK1, sk1 175, 176
SOC1 65, 66, 120, 124
spatiotemporal expression pattern 89
SPATULA 153
sperm nucleus 147
sPHB3 141
spikelet 93, 174
spikelet meristem 135, 174
spikelet pair meristem 135
SPL 145
SPL3 120, 121
SPL/NZZ 145-147, 160
SPOROCYTELESS 145
SPT 153, 154
spur 169
SPW1, SPW1, spw1 97-100, 103, 104
SQUAMOSA PROMOTER BINDING PROTEIN-LIKE 3 121
SRF 89
stamen 82
staminode 164
standard 170
stem cell 25
sterile 145
sterile lemma 95
stigma 94, 148
STK, stk 159, 160
STM 26
stomium 137
STY1 153
STY2 153
style 94, 149
STYLISH 153
SUP 103
SUPERMAN 103
superwoman1 98
SUPERWOMAN1 103

suppressor 19
SUPPRESSOR OF OVEREXPRESSION OF CO1 65
synergid 158
synergistic effect 16
S-アデノシルメチオニン 182

T

TAB1 51, 52, 54
TALEN 22
Tam3 17
tapetum layer 144
targeting induced local lesions in genomes 21
TARGET OF EAT1 66
ta-siARF 139
ta-siRNA 140, 142, 144
tassel 53, 135, 174
tassel dwarf1 27, 53
tasselseed 177
TAW1 136
TAWAWA1 136
TB1 119
TCP 119
TCP遺伝子 167, 170
TCPファミリー 166
TD1, td1 27, 47, 53, 55
T-DNA 21
T-DNAタグライン 21
TEM1 66
TEMPRANILLO1 66
teosinte 119
TEOSINTE BRANCHED1 119
terminal flower 117
TERMINAL FLOWER1 77
TERMINAL FLOWER1 122
termination 129
tertiary flower 83
tetramer 107
TFL1, TFL1, tfl1 77, 78, 117, 121-123
theca 137
tiller 51
TILLERS ABSENT1 51
TILLING 21
Tiプラスミド 21
TOE1 66

索 引

TOS17 18, 21
totipotency 5
trans-acting small interfering RNA 140
transcription activator-like effector nuclease 22
transcriptional complex 108
transcriptional co-repressor 128
transfer DNA 21
transformation 12
transmitting tissue 150
Triticum aestivum 93
ts 177
TS1, TS1, *ts1* 175, 178-180
TS2, TS2, *ts2* 175, 176, 178-180
TS4, TS4, *ts4* 175, 178-180
TS6, TS6 178-180
ts6-d 175
TSF, TSF 65, 68, 77
tumor-inducing plasmid 21
tunica 24
tunica-corpus structure 23
TWINSISTER OF FT 65
type-A ARR 42, 57
type-B ARR 42

U

UFO, UFO 125, 126
unisexual flower 96, 172
UNUSUAL FLORAL ORGANS 125

V

valve 149
valve margin 154
vascular bundle 137
vegetative growth 4
vegetative meristem 58
ventral 163
vernalization 62
VERNALIZATION2 64

W

whorl 83
wing 170
WIP1 183
WOX 30, 41, 50, 52
WOX4, WOX4 50, 52

WUS, WUS, *wus* 28-44, 50-52, 57, 85, 126, 127, 129-134, 160, 161
wuschel 28
WUSCHEL 30, 126
WUSCHEL-RELATED HOMEOBOX 30

Y

YABBY遺伝子 96, 101, 152, 160
YABBYタンパク質 88, 101
YABBYドメイン 88, 101
YUC 153
YUCCA 153

Z

ZAG1 100
Zea mays 12
ZFN 22
zinc finger nuclease 22
ZmFCP1 56
ZMM16 100
zygomorphy 163

あ

アラード 60, 66
アラビノース 36, 37
アレリズムテスト 103
アレル 26, 103, 177

い

維管束 71, 77, 137, 138, 184, 185
維管束幹細胞 51
維管束細胞 25
維管束メリステム 23
異所的発現 19, 92
位置情報 7, 8, 9
一倍体 144
一斉開花 64
遺伝子重複 20
遺伝子的変異 119
遺伝子ファミリー 20
イネ 100
イベリス 169, 170, 171
インディカ 47

索引

う, え

ウォール 83-86, 89-92, 94, 97, 104, 107
栄養成長 4, 114
栄養成長期 23, 47, 123
栄養体生殖 54
腋 114, 174, 175
腋芽 51, 54, 119
腋芽メリステム 51, 52
液体クロマトグラフィー－質量分析計 111
エチレン 172, 181, 182, 184, 185
エピジェネティック 64, 103, 131-134, 169
遠赤色光受容体 74
エンドウ 170

お

オーガナイザー 7
オーキシン 5, 115, 152-155
オーキシン応答因子 152
オーソログ 20, 21, 27, 50, 84, 152
雄花 53, 172-181, 183-185
雄花両性花同株 181, 182, 185

か

ガーナー 60, 66
外衣 24, 25, 45
外衣-内体構造 23, 24
外穎 94, 95, 144, 173-175
外穎原基 46
開花 59, 64, 95
概日リズム 70, 72, 74, 75, 78
外珠皮 158-161
外的符合モデル 75
改変ABCモデル 96, 97
海綿状組織 25, 138
隔壁 148-150, 152-155, 158-160
隔壁原基 149, 150
がく片原基 24, 29, 90, 115
花糸 94, 137, 138, 142, 143
可視化技術 91
花式図 97
果実 147, 154, 155
花序分裂組織 4
花序メリステム 23, 24, 28-30, 48, 53, 54, 56, 58, 59, 71, 76, 82, 114, 115, 117, 118, 121, 122, 128, 130, 131, 134-136, 174, 180
花成 59
花成惹起 61, 66-68, 77, 78
花成制御 114
花成ホルモン 67, 75
花成誘導 23, 59-61, 63, 65-69, 78, 79, 82, 121, 123, 124
花成抑制因子 63, 64, 69
花托 137, 149
花柱 94, 148-150, 152-154, 158
活性化ドメイン 108
花粉 137, 138, 144, 145, 147
花粉管 147, 148, 150, 158
花粉嚢 137, 138, 141-143, 164, 165
花粉母細胞 144, 145
花弁原基 109, 166
仮雄蕊 164-166, 168
カラザ 158, 159, 161
カリフラワー 119
カルテットモデル 107-110
冠根 54
幹細胞 8, 23-26, 28-30, 32-37, 40, 42, 44, 45, 47-51, 82, 85-87, 127, 129-131, 134, 136, 160
幹細胞－ニッチ 40, 41

き

気孔 138
拮抗作用 84, 86
拮抗的 91
旗弁 169, 170
基本転写因子 108
キメラ 101
キメラ器官 104
逆遺伝学 18-21, 98, 106
休眠 54
距 169
極核 147
極性輸送 115, 152

く

クラウンゴール 21
クラスA 109
クラスA遺伝子 84, 87, 91, 97
クラスB 98, 106, 108
クラスB遺伝子 83, 84, 92, 98, 100, 104, 107, 109, 125
クラスC遺伝子 21, 83-87, 91, 92, 100-102, 104,

索引

　　　　106, 108, 109, 126
クラスD　105
クリプトクロム　62, 74
グルココルチコイド　124
クロマチン　132
クロマチンリモデリング　152

け
形質転換　12-14, 18
形成体　32
形成中心　32, 34, 35, 40-44, 57
茎生葉　117
茎頂培養　9
茎頂メリステム　3, 5, 8, 23-26, 28-30, 34, 36, 43,
　　　44, 48, 49, 51, 56, 58, 60, 76, 77, 79, 82, 85,
　　　110, 114, 128, 130, 134, 144
茎頂や花序メリステム　129
経路統合遺伝子　59, 65, 66
ゲーテ　87, 110
ゲノム編集　22
ゲルシフト解析　113
限界暗期　60
原形質連絡　40
原子間力顕微鏡　113
減数分裂　144, 158

こ
向軸　138-140, 142, 143, 149, 150, 163
光周期　172
光周期経路　63, 70
光周性　60, 61, 63, 69, 75, 81
光周性花成　58, 61, 66-70, 78-81
昴進変異体　19
向背軸　138, 142, 150, 152
向背軸極性　138, 140-144, 151
孔辺細胞　138
護穎　95
コード領域　132
穀粒列数　54
互生葉序　56
コンセンサス配列　112
根端分裂組織　4
根端メリステム　3, 23, 41

さ
サイクロヘキシミド　123, 124
サイトカイニン　5, 42-44, 56, 105, 150
栽培化　119
細胞系譜　6, 8, 9, 23, 25
細胞の運命　6, 7, 137
細胞非自律的　32, 75, 76, 182, 185
柵状組織　25, 138
左右相称　162-164, 166, 169-171
三次花　83, 86

し
自家受精　12
自家受粉　95
始原細胞　7, 8, 26, 35, 49
自己制御　126, 161
雌性花序　53, 135, 173-176, 178, 180
雌性株　181-183
雌性小花　174
雌性小穂　174
雌性配偶体　147
篩部　68, 71, 76, 77, 139, 184
篩部伴細胞　76, 77
ジベレリン　64, 65, 172, 175, 177
子房　94, 102, 105, 148-150, 160
子房柄　148, 149, 152, 153
ジャスモン酸　178, 180, 181
ジャポニカ　47
雌雄異株植物　172
柔細胞　25
雌雄全株　183
雌雄同株　182-185
雌雄同株植物　172, 181
シュート頂(茎頂)分裂組織　4
周辺領域　24-26, 49, 85
雌雄両全株　181-183
珠孔　158, 159
珠心　158-161
受精卵　3
珠皮　160, 161
珠柄　149, 158, 159, 161
春化　60, 62, 63, 65, 69
春化要求性植物　62, 63
小花　93, 94, 96, 173, 174, 178, 180

211

索 引

小花メリステム 135, 136, 174, 179
子葉原基 3
小穂 93, 96, 144, 173, 174, 178, 179
小穂対メリステム 135, 136, 174
小穂メリステム 115, 135, 136, 174, 180
常染色体 172
小分子RNA 9, 90, 140
植物変形論 87
助細胞 158, 159
自律的制御経路 69, 70
人為選択 119
進化発生学 14, 53
心皮縁メリステム 149, 150, 153
心皮原基 10, 28, 29, 82, 94, 101, 102, 149, 150, 174, 176, 179, 180, 182, 183, 185

す

垂層分裂 7, 24
髄組織 25, 26
ストミウム 137, 138

せ

精核 147
性決定 178-182, 184, 185
静止中心 7, 8, 41
青色光受容体 73, 74
生殖細胞 3-5, 9, 25
生殖始原細胞 144, 145
生殖成長 4, 58
生殖成長期 23, 115
性染色体 172
節 181
前形成層 8, 50
前形成層細胞 7
潜在的苞葉 115

そ

相加効果 16, 45
相乗効果 16
相称性 163
相同器官 94
側生器官 23, 25, 82, 115, 160
側生領域 28, 114, 137
側膜細胞 145, 146

た

帯化 53
胎座 105, 148-150, 158
胎座原基 149
対称性 162, 163, 165, 171
対生葉序 56
大胞子 158
大胞子母細胞 158
対立遺伝子 26
他家受粉 95
脱水素酵素 178
タバコモザイクウイルス 92
タペート層 144-146
短日植物 60, 61, 75, 78
単性花 13, 96, 162, 172, 173
タンパク質合成阻害剤 123, 124

ち

チャイラヒャン 61, 67
中央－側方軸 150, 151
中央領域 24-26, 32
中間層 145
中心細胞 158, 159
中性花 172
柱頭 94, 102, 147, 148, 150, 152-154, 160
チューブ 163
中肋 102
頂花 71, 76, 117
長日植物 60, 62, 78
頂端－基部軸 150-152
頂端メリステム 58, 75, 150
重複受精 147, 158

つ,て

接木伝達性 77
テオシンテ 119
転写活性能 108, 109
転写複合体 107-111
転写抑制共同因子 128
伝達組織 148-150, 152, 153, 158

と

同化組織 25

索　引

ドミナントネガティブ　177
ドミナントネガティブ変異　176
トランスポゾンタギング　13, 14, 17

な

内頴　94, 95, 173-175
内珠皮　158-161
内体　24, 25
内的符合モデル　75
内被　145, 146

に, ね, の

二次花　83, 86, 87, 118
ニッチ　40
二分子蛍光補完法　111
ネガティブフィードバック　134
ノックアウト　19, 22

は

配偶子　3, 147
胚後発生　3, 5, 23
背軸　138, 140, 142, 143, 149-152, 163
背軸化　139, 141-143
背軸側　102, 139
胚珠　94, 97, 102, 105, 147, 148, 150, 152, 154, 158-161
胚珠原基　149, 158, 160
排出キャリアー　115
胚性幹細胞　6
胚嚢　147, 158, 159
胚嚢細胞　158, 159
胚嚢母細胞　158-160
胚発生　23, 26, 52, 114, 144, 147
背腹軸　164
胚柄　148
花のカルテットモデル　106
花の性　162, 172
花分裂組織　4
花メリステム　4, 5, 23, 24, 26, 28-30, 43, 45-47, 57, 59, 67, 68, 71, 76, 82, 84, 85, 90, 92, 98, 99, 101, 102, 105, 109-111, 114-116, 118, 121-123, 128, 130, 131, 134, 148, 150, 166-168
花メリステムアイデンティティー遺伝子　117
パラログ　19, 20, 68, 77
バルブ　118, 148-151, 153-156
バルブ端　148, 154-156, 158

バルブ領域　152
パンコムギ　93
反足細胞　158, 159
半葯　137, 138, 140-142

ひ

避陰反応　62
光中断　60, 79
光中断実験　75
ヒストンH3　132, 133
ヒドロキシプロリン　36
ヒドロキシル化　36, 37
ビューニング　74
表皮　145
ヒロハノマンテマ　172

ふ

フィードバック　33-36, 40, 43, 44, 50, 134, 161, 178
フィトクロム　62
フィトクロムA　74
フィトクロムB　74, 79
風媒花　102
副護頴　95
不定芽　30
不稔　145
ブランチメリステム　115, 135, 136, 174
プレメリステム領域　51, 52
プログラム細胞死　154, 176
フロリゲン　60, 61, 63-65, 67-69, 71, 75, 77, 78
分化全能性　5, 6
分化多能性　6, 8
分蘖　51, 54
分離層　154-156

へ

並層分裂　7
平面成長　139
ヘテロダイマー　89, 104, 107, 112, 126, 154

ほ

苞頴　93, 95, 173-175
胞原細胞　144
胞子形成細胞　144, 145
放射相称(対称)　139, 142, 143, 162-164, 166, 168-171

213

索 引

苞葉 114, 115
ポジショナルクローニング 17, 18
ポジティブフィードバック 116, 121, 124, 161
ホスファチジルエタノールアミン 77
ホソバウンラン 169, 171
ボディプラン 3-5, 23
ホメオティック突然変異 13
ホメオティック突然変異体 82, 83, 87, 91
ホメオティック変異 101, 103
ホメオティック変異体 86, 98, 99, 118
ホメオドメイン 30, 31, 160
ホモダイマー 89
ホモログ 27
ポリガラクツロナーゼ 155
ホルモン結合部位 124

ま, み, む

マイクロRNA 60, 90, 139, 140, 178
蜜腺 102
未分化細胞 5, 23, 26, 49, 99, 109
ミヤコグサ 170, 171
無限性 114, 128, 129, 134, 136

め, も

メチル化 169
メチル化修飾 132-134
雌花 53, 172-181, 183-185
メリーランドマンモス 60, 61
メリステム 4, 5, 9
メリステムの終結 129
木部 139
モデル植物 12, 13

や

葯 94, 95, 137, 138, 140-143, 164
葯隔 137, 138
葯原基 143-145
葯壁 144

ゆ

有限性 84-87, 92, 97, 101, 102, 105, 114, 127-130, 134, 136, 180

雄蕊原基 28, 46, 140, 142, 174, 182
雄性花序 53, 135, 136, 173-175, 177-180
雄性株 182-184
雄性小花 174
雄性小穂 173, 174
優性阻害変異 177
雄性配偶子 147
雄性配偶体 147
雄性両性花同株 175

よ

葉腋 51
葉原基 7, 24, 26, 29, 30, 32-35, 49, 51, 52, 57, 102, 103, 115, 139
葉肉組織 138
抑圧変異体 19
翼弁 169, 170

ら, り

卵細胞 147, 158, 159
リグニン 154, 157
リグニン化 156
リグニン化層 154-156
リクローン 9
離層 159, 160
リブ領域 24-26
リポキシゲナーゼ 178
竜骨弁 169, 170
両性花 13, 96, 162, 172, 175, 180-183, 185
量的形質遺伝子座 78
リン酸リレー 34, 39, 41
リンネ 169
リンピ 94, 95, 97-99, 101, 173, 174

れ, ろ

裂開ゾーン 148, 154
レプラム 148-151, 155-158
ロイシンリッチリピート 30, 31
ローブ 163

わ

矮性 175

著者略歴

平　野　博　之
（ひら　の　ひろ　ゆき）

農学博士
1954 年　千葉県に生まれる
1978 年　東北大学理学部生物学科卒業
1983 年　名古屋大学大学院農学研究科修了
　　　　 この間，日本学術振興会奨励研究員，
　　　　 同特別研究員（PD）など
1988 年　国立遺伝学研究所助手
1996 年　東京大学大学院農学生命科学研究科
　　　　 助教授
2004 年より　東京大学大学院理学系研究科教授

阿　部　光　知
（あ　べ　みつ　とも）

博士（理学）
1972 年　東京都に生まれる
1996 年　北海道大学理学部生物学科卒業
2001 年　北海道大学大学院理学研究科修了
　　　　 日本学術振興会特別研究員（DC2, PD）
　　　　 （2000 年～ 2001 年）
2001 年　京都大学大学院理学研究科助手
　　　　 （後に助教）
2007 年　京都大学大学院生命科学研究科助教
2009 年より　東京大学大学院理学系研究科准教授

花の分子発生遺伝学
－遺伝子のはたらきによる花の形づくり－

2018 年 4 月 1 日　第 1 版 1 刷発行

検　印
省　略

定価はカバーに表
示してあります．

著　作　者　　平　野　博　之
　　　　　　　阿　部　光　知
発　行　者　　吉　野　和　浩
発　行　所　　東京都千代田区四番町 8-1
　　　　　　　電　話　　03-3262-9166（代）
　　　　　　　郵便番号 102-0081
　　　　　　　株式会社　裳　華　房
印　刷　所　　株式会社　真　興　社
製　本　所　　株式会社　松　岳　社

社団法人
自然科学書協会会員

JCOPY　〈(社)出版者著作権管理機構 委託出版物〉
本書の無断複写は著作権法上での例外を除き禁じ
られています．複写される場合は，そのつど事前
に，(社)出版者著作権管理機構（電話 03-3513-6969,
FAX 03-3513-6979, e-mail: info@jcopy.or.jp）の許諾
を得てください．

ISBN 978-4-7853-5868-6

Ⓒ 平野博之，阿部光知，2018　Printed in Japan

シリーズ・生命の神秘と不思議
花のルーツを探る —被子植物の化石—

髙橋正道 著　四六判／194頁／定価（本体1500円＋税）

　花をつける被子植物は，地球上の全陸上植物の約９割を占め，その種類数は約35万種以上にも及ぶ．花をつける被子植物はいつごろ地球上に出現し，初期のころの被子植物はどのような花を咲かせていたのだろうか．
　近年，白亜紀の地層から三次元構造を残したままの花の化石が次々と発見され，植物化石の研究が画期的に進んできた．被子植物の花はいつ出現し，どのように進化してきたのか──最新の成果を紹介する．

【主要目次】1. プロローグ —花の話—　2. 白亜紀という年代　3. 被子植物の祖先群　4. 被子植物の分岐年代と起源地　5. 植物の小型化石とは何か？　6. 日本で発見された白亜紀の小型化石　7. 白亜紀の花　8. 白亜紀の果実と種子　9. 花の進化傾向　10. 授粉機構の進化　11. 種子の散布様式の進化　12. 白亜紀の森林　13. 被子植物の進化史　14. エピローグ —未来の研究者へ—

新・生命科学シリーズ　植物の系統と進化

伊藤元己 著　Ａ５判／２色刷／182頁／定価（本体2400円＋税）

　おもに陸上植物を扱い，植物へいたる進化の道筋をまず概観し，次に陸上植物における進化上重要なイノベーションについて詳しく見ていく．最後に陸上植物の各群の特徴を解説する．

【主要目次】1. 生物界と植物の系統　2. 陸上植物の特徴　3. 維管束植物の特徴　4. 種子の起源と種子植物の特徴　5. 被子植物の特徴と花の起源　6. 被子植物の系統と進化　7. 陸上植物の多様性と系統

新・生命科学シリーズ　植物の生態 —生理機能を中心に—

寺島一郎 著　Ａ５判／２色刷／280頁／定価（本体2800円＋税）

【主要目次】1. はじめに：生態学とはどういう学問なのだろうか　2. 生物の環境適応　3. 陸上植物の進化　4. 植物の特徴　5. 植物と水　6. 植物の光環境と光吸収　7. 光合成のあらまし　8. 光合成の生理生態学　9. 呼吸と転流　10. 無機栄養の獲得　11. 成長と分配　12. 陸域生態系の生態学

新・生命科学シリーズ　植物の成長

西谷和彦 著　Ａ５判／２色刷／216頁／定価（本体2500円＋税）

【主要目次】1. なぜ被子植物か　2. 植物の遺伝子と細胞　3. 水と物質の輸送　4. 細胞壁と細胞成長　5. 発生過程　6. オーキシン　7. ジベレリン　8. サイトカイニンとエチレン　9. その他の植物ホルモン

イチョウの自然誌と文化史

長田敏行 著　Ａ５判／218頁／定価（本体2400円＋税）

【主要目次】1. イチョウ精子発見は，なぜ大発見か？　2. イチョウの旅路　3. 生きている化石としてのイチョウ　4. 平瀬作五郎と池野成一郎の肖像　5. イチョウの繁栄と衰退のドラマ　6. イチョウは中国から日本へ運ばれてきた　7. そしてイチョウは世界へ広がった　8. 医薬品としてのイチョウ　9. ケンペルがイチョウをGinkgoと呼んだ　10. ゲーテとイチョウ　11. 小石川植物園植物散策と歴史的背景　12. イチョウが教えてくれるもの　13. 終章

裳華房ホームページ　https://www.shokabo.co.jp/